TRC及其自保温三明治墙体的火灾灾变机理研究

Research on Fire Disaster Mechanism of Self-Thermal Insulation Sandwich Wall with TRC Element

沈玲华　著

ZHEJIANG UNIVERSITY PRESS
浙江大学出版社
·杭州·

图书在版编目(CIP)数据

TRC 及其自保温三明治墙体的火灾灾变机理研究 / 沈玲华著. —杭州:浙江大学出版社,2022.6
ISBN 978-7-308-22854-1

Ⅰ.①T… Ⅱ.①沈… Ⅲ.①纤维增强混凝土—保温—墙—建筑火灾—研究 Ⅳ.①TU761.1②TU998.1

中国版本图书馆 CIP 数据核字(2022)第 130001 号

TRC 及其自保温三明治墙体的火灾灾变机理研究

沈玲华 著

责任编辑	陈 宇	
责任校对	赵 伟	
封面设计	周 灵	
出版发行	浙江大学出版社	
	(杭州市天目山路 148 号 邮政编码 310007)	
	(网址:http://www.zjupress.com)	
排 版	杭州星云光电图文制作有限公司	
印 刷	杭州高腾印务有限公司	
开 本	710mm×1000mm 1/16	
印 张	13.75	
字 数	270 千	
版 印 次	2022 年 6 月第 1 版 2022 年 6 月第 1 次印刷	
书 号	ISBN 978-7-308-22854-1	
定 价	68.00 元	

前　言

纤维编织网增强混凝土(textile reinforced concrete,TRC)是一种新型高性能水泥基复合材料,具有耐腐蚀、质量轻、承载力高、韧性好等优点,近年来得到了广泛关注。TRC构件的保护层厚度只需满足纤维编织网的锚固要求,特别适合制成薄壁轻质的面板构件,在建筑围护结构领域具有广阔的应用前景。TRC构件作为建筑结构的组成部分,其抗火能力和高温力学性能必须得到保证和重视,故研究TRC构件的耐高温性能具有重要的意义。

本书旨在研究TRC构件高温后的力学性能,侧重于探索TRC自保温三明治墙体的耐火性能。本书内容主要分为四部分。第一部分(第2章)详细阐述基体材料精细混凝土高温后的力学性能。通过力学性能试验,系统研究不同胶凝材料和不同外掺短切纤维等对精细混凝土高温后力学性能的影响规律。第二部分(第3章)的研究对象为TRC薄板。基于无外荷载温升残余性能试验方法,深入研究TRC构件中纤维编织网与基体混凝土高温后的界面黏结性能,并揭示其高温性能的劣化机理。第三部分(第4章、第5章和第6章)详细阐述不同胶凝材料系统和不同外掺短切纤维下的TRC薄板高温后的力学性能,旨在改善该类构件高温后的力学特征,并探究其增强机理。第四部分(第7章和第8章)阐述TRC自保温三明治墙体的物理性能及耐火试验研究。在满足TRC作为围护墙体基本物理性能要求的基础上,将试验分析和有限元模拟相结合,研究足尺TRC自保温三明治墙体的耐火性能,为进一步制定此类构件火灾后性能评估标准奠定基础。希望本书对新涉足该领域以及已具备一定经验的研究人员有所帮助。

本书相关研究成果得到"十二五"国家科技支撑计划项目"新型钢结构民用建筑成套技术开发与应用"(2012BAJ13B04)、浙江省科技计划项目"长寿命轻质薄壁自保温装配式墙体"(2011C11083)和国家自然科学基金项目"TRC加固钢筋混凝土构件的耐高温性能及高温劣化机理研究"(51708506)的支持和资助,在此表示感谢。

此外,特别感谢导师徐世烺院士与合作导师王激扬教授对本书研究工作的精心指导和帮助。感谢浙江大学高性能结构研究所的李庆华、李贺东、闫东明、彭宇、张麒、曾强、冀晓华等老师,以及华南理工大学的吴波、赵新宇、张正先等老师对本书试验部分提供的支持与帮助,使众多试验工作得以顺利进行。

由于理论水平和学识水平有限,不足之处在所难免,恳请读者批评指正。

沈玲华

2022 年 5 月

目　录

第1章 绪 论

1.1 研究背景和意义

在 2009 年 12 月的哥本哈根世界气候大会上,192 个国家共同商讨《京都协定书》一期承诺到期后的后续方案,即 2012—2020 年的全球减排协议。会议中,欧盟和日本同意 2020 年实现在 1990 年二氧化碳排放量水准上分别下降 20% 和 25% 的目标;美国和加拿大表示 2020 年二氧化碳排放量要比 2005 年下降 17%;我国承诺 2020 年单位国内生产总值二氧化碳的排放量比 2005 年下降 40%～55%[1]。随着我国经济建设的快速发展,我国 1999—2001 年的建筑能耗总量呈增长趋势,约占全部能耗的 30%(表 1.1)[2]。相关资料显示,仅 2013 年,我国能源消费总量中就有 1 亿多吨标准煤损失,达到近十年的最高峰,其后经过全面节能工作的开展,能源消费损失逐年下降。但截至 2016 年,能源消费的损失量还是很高,而且有重新增长的趋势[3]。此外,我国单位建筑面积采暖能耗相当于气候相近发达国家的 2～3 倍,所以必须正视我国能源严重短缺且实际利用效率低的事实,我国要走可持续发展道路,发展节能与绿色建筑刻不容缓[4]。随着人们对环境舒适性要求的日益提高,空调、采暖器、照明灯等产品被大量使用,大量能源被消耗,而大部分建筑围护结构的保温隔热性又较差,造成了大量的能源损失,这势必会加剧我国能源紧张的局面。

表 1.1 中国建筑能耗情况

年份	中国能耗总量/亿吨标准煤	中国建筑能耗总量/亿吨标准煤	建筑能耗所占比重/%
1999	13.01	3.491	26.833
2000	12.80	3.504	27.375
2001	13.03	3.580	27.475

我国在"十三五"规划中提出：实现"十三五"时期的发展目标，破解发展难题，厚植发展优势，必须牢固树立创新、协调、绿色、开放、共享的发展理念，其中绿色是永续发展的必要条件和人民对美好生活追求的重要体现。必须坚持节约资源和保护环境的基本国策，坚持可持续性发展。可见，要实现节能减排的目标，减少建筑能耗，推广低碳节能的绿色建筑将成为建筑发展的必然趋势，建筑节能将成为提高社会能源使用效率的首要手段。

据统计，在我国居住建筑能耗中，采暖器和空调约占 65%；在公共建筑能耗中，采暖器和空调约占 67%。建筑外墙是建筑的主要组成部分，其构造和所使用的材料性能关系到室内热环境质量及建筑水平。在住宅建筑中，通过围护结构的传热量占建筑能耗的 72%，空气渗透热量损失占建筑能耗的 28%[5]。由此可见，围护结构特别是墙体的保温隔热性能，是开展建筑节能工作的关键因素之一，围护结构的保温隔热性能若能得到有效保证，则将直接减少其传热损失和空气渗透热损失，有助于绿色建筑目标的实现。

1.2 建筑墙体防火的必要性

随着我国建筑节能工作的不断深入和完善，特别是建筑节能设计标准体系的建立，国内关于围护墙体保温节能技术日臻完善。然而，相关的标准和规范尚未充分体现安全性，特别是在墙体保温系统的防火安全性方面，一直存在着巨大的安全隐患[6]。

2008 年 2 月，北京市在建的央视新址北配楼因业主单位违规燃放烟花爆竹发生重大火灾[7-8][图 1.1(a)]。该大楼地上有 30 层，地下有 3 层，高为 159m，建筑面积为 103000m²。大楼当时正处于装修阶段，大火使得外墙东西立面的钛锌合金板受热熔融，聚氨酯、挤塑板等保温板大面积燃烧，释放出大量有毒气体。在消防救援过程中，1 人牺牲，6 人受伤，经济损失高达 1.64 亿元。2010 年 11 月，上海市静安区胶州路公寓大楼发生特别重大的火灾事故[图 1.1(b)]，事故造成 58 人死亡，71 人受伤，建筑物过火面积高达 12000m²，直接经济损失达 1.58 亿元。事故直接原因是电焊溅落的金属熔融物引燃聚氨酯保温材料碎块[8]。2011 年 2 月，辽宁沈阳皇朝外鑫大厦因烟花引燃挤塑板等造成火灾，火灾烧毁 B 座全部幕墙及保温系统和 A 座部分幕墙及保温系统，总烧毁面积高达 11196m²[9]。2021 年，广东东莞、河北石家庄、湖北武汉、山东泰安、辽宁大连等多地均发生过由围护墙体中保温材料着火引起的各类火灾,该类火灾均存在燃烧猛烈、蔓延迅速、发烟发热量大、会产生有毒气体、燃烧隐匿、难以察觉等特点,对建筑结构的安全使用造成了极大危害。

    (a) 北京市央视新址北配楼   (b) 上海市静安区胶州路公寓大楼

图 1.1 建筑外墙保温工程的火灾事故

从以上建筑外墙保温工程火灾事故的实例[7-9]中可看出,当前建筑保温节能系统的防火性能亟待改善。在我国大力推广建筑节能的背景下,所有建筑必须达到相应的节能和防火指标,但目前所用的保温材料约有 80% 为有机可燃材料[10]。因此,从现有节能保温体系的现状和火灾发生的频率来看,如何在满足建筑节能的前提下提高围护结构的防火安全性是一个难点,研制一种集保温、隔热、防火、经济等于一体的新型墙体结构具有十分重要的科学意义和工程意义。

1.3 节能保温墙体的发展及研究现状

围护结构(如外墙、屋面、门窗、地下室等)是建筑结构的重要组成部分,其中墙体占围护结构的 70%,可见建筑热环境的优劣与围护结构保温隔热性能的高低密切相关[11]。当前,国内外墙体的保温节能方式主要分为墙体外保温、墙体内保温和墙体自保温三类(表 1.2)[12-15]。

近年来,自保温墙体技术逐步发展,发展方向主要有两个方面:①利用一定的结构形式,把保温材料置于内、外墙之间,形成一种复合墙体结构,使之满足建筑节能的要求;②利用单一墙体材料良好的保温性能,使之达到墙体保温隔热的要求。较墙体外保温体系而言,墙体自保温体系具有以下优点:①结构与节能一体化,保温隔热效果好,建筑节能效率高;②耐久性良好,设计寿命可达建筑物的设计基准期;③具有良好的受力性能和抗震性能,安全性能佳,火灾隐患小[16];④工序简单,施工方便,便于工业化生产;⑤墙体自保温体系的综合成本比墙体外保温体系更具优势。

表 1.2 墙体的保温节能方式

节能方式	节能方式介绍	性能特点
墙体外保温	在建筑物墙体的外表面上设置一层保温层[图 1.2(a)],采用的保温层材料多为发泡聚苯乙烯板或发泡聚氨酯板等	隔热节能效果优于墙体内保温,具有综合经济效益显著、墙体适用范围广等优点,已成为国内最广泛的墙体节能方式,是目前大力倡导的一种建筑物绝热方式
墙体内保温	在建筑物墙体的内表面上设置一层保温层[图 1.2(b)],常用的保温层材料一般为聚苯乙烯板、保温砂浆、硅酸铝保温涂料等	施工简单,且对建筑物外墙垂直度的要求不高,但在施工过程中,一些部位会出现冷(热)桥现象,造成外墙内表面易出现结露,甚至发霉、墙体开裂等现象;占用了室内的建筑使用面积,经济效益较差;近年来,该种技术在我国的应用有所减少
墙体自保温	按照一定的建筑构造,采用节能型墙体材料(及配套专用砂浆),使墙体热工性能等物理指标符合相应标准的建筑墙体保温隔热技术	将保温材料与墙体构件相结合,身兼结构、围护、节能等功能,利于一体化集成设计、工业化生产和安装;有利于提高建造质量和精确控制工期,便于建筑构配件的工业化生产和机械化施工,是一种安全可靠,造价低廉的新技术

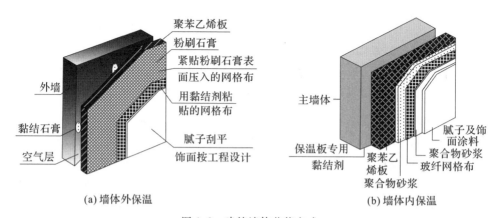

(a) 墙体外保温   (b) 墙体内保温

图 1.2 建筑墙体节能方式

常见自保温体系的单一墙体材料主要分为轻质墙板类材料(如石膏板、玻镁板等)和砌块类材料(如轻集料砌块、复合保温砌块、加气混凝土砌块等)两类。轻质墙板类材料具有热工性能好、厚度薄、施工便捷等特点。其中,石膏建筑制品的使用最为广泛。美国纸面石膏板的年产量为 20 多亿 m^2,占世界第一位。我国石膏板的生产能力目前虽只有美国的 1/10,但经过 30 多年的推广使用,已成为公用建筑非承重墙的主流墙材[17-18]。砌块类材料普遍具有自重轻、热工性能好等优点。目前,市场上最常见的墙体自保温材料为加气混凝土砌块。作为一种轻质多孔建筑材料,加气混凝土砌块具有轻质、保温、隔热、可加工等特点,且原材料(水泥、石灰、石英砂、粉煤灰、铝粉等)丰富,在墙体材料中一般作为非承重构件、框架填充墙或隔墙[12]。但上述墙体材料同时具有厚度大、强度低、易变形、易开裂、耐久性差等缺点。新型复合墙板是目前世界各国大力发展的集承重、防火、隔音、防潮、隔热于一体的新型复合墙体材料。市场上常见的复合墙体材料主要有钢丝网架水泥聚苯乙烯夹芯板(泰柏板)、纤维水泥(fiber cement,FC)板、彩钢复合夹芯板(LCF)等。目前,使用较多的为钢丝网架水泥聚苯乙烯夹芯板。此类复合墙板集保温、隔热、抗火等功能于一身,但其采用了钢丝网,而钢材是热的良导体,可以直接传热,会降低墙体的保温效果,且由于水泥砂浆自身的抗拉强度不足以抵抗收缩应力,在墙体薄弱处易产生裂纹[19]。综上可知,目前国内常用的多种自保温技术均存在一定的缺陷,且关于自保温与结构一体化的技术研究和实践还不够成熟,造成图集规范缺乏、国家和地方标准规范参差不齐的现状。以上因素在很大程度上限制了此类节能墙体的推广应用。完善自保温技术,有针对性地研制和开发新型自保温墙体材料已势在必行。目前,单一新型墙体材料通过增加墙体厚度的方式达到建筑保温节能的做法已逐渐被淘汰,利用多种材料各自的优异性,强强联合,形成夹芯复合墙体来实现结构和保温一体化的做法逐渐成为保温节能墙体的主流。

1.3.1 夹芯复合墙体的发展和研究现状

随着人类环保意识的逐步提高,各种夹芯复合墙体的结构体系被不断提出。目前,国内外主要的夹芯复合墙体体系见表 1.3[20]。

表 1.3 夹芯复合墙体体系

结构体系	研制国家	结构介绍	性能特点
保温混凝土模板(insulation concrete form, ICF)建筑节能体系[21-22]	美国、德国	积木式插接后用混凝土浇筑而成;墙体是内外两块约 4.5cm 厚的模塑聚苯乙烯(EPS)绝热建筑模块,用专用连接桥连接,中间填充混凝土作为外围护承重墙及隔户墙,属于绝热混凝土复合保温剪力墙体系;整个建筑全部由混凝土浇筑而成	达到节能 70% 的设计要求,适用于 7 层以下建筑,具有保温性能优良、造价低、耐久性好、污染小等优点
纳士塔(RASTRA)墙体体系[23-24]	加拿大、日本、韩国	分为外部结构和内部结构两部分;外部结构为轻集料制成的混凝土模壳构件,粗骨料为容重小、保温性能良好的聚苯颗粒;内部结构由模壳构件自身的水箱和竖向空腔浇筑混凝土形成的网格式钢筋混凝土承重骨架作为承重部分	外部结构和内部结构形成一个整体,使得整个体系具有节能环保、隔声等突出优势
帝枇(DIPY)模网结构体系[20,25]	法国	由竖向镀锌加劲肋、水平折钩拉筋和表面钢板网组成,在网模内浇筑混凝土形成承重结构,并复合在承重墙外侧,成功解决承重结构和保温层一体化问题	该体系具有优良的抗震性能,适宜工业化生产
舒乐舍板(structural reinforced concrete panel, SRC panel)体系[26-27]	韩国	用直径为 2mm 的冷拔低碳钢丝网片(50mm)斜丝交叉 45°焊接成三维空间钢架结构,中间填充 50mm 厚的阻燃型聚苯乙烯泡沫板,最后在板的两侧喷抹水泥砂浆形成完整的建筑墙板	优点为重量轻、安装简便、运输方便等;缺点为防火性能较差、墙体易开裂、施工完毕后不能更改门窗洞等
叠合结构体系[20,28]	德国	将叠合楼板和墙板在工厂制成半成品,并根据工程实际需要,在墙板外侧或内侧放置保温层,运输至现场后,以工厂半成品代替模板浇筑混凝土,并现场配置需补充的节点钢筋	预制率较高、整体性强、防水效果好、施工速度快、精度高、便于主体结构质量控制,但结构设计未考虑抗震因素影响
砌块整浇墙结构体系[29-31]	中国	主要由混凝土空心砌块、砂浆、灌芯混凝土及钢筋组成,具有砌体的特征,同时将砌块作为浇筑混凝土模板使用;墙体内由水平和竖向钢筋组成纵横向钢筋网片,通过预留孔洞形成纵横向整体的现浇混凝土带	将砌体和混凝土性能融于一体,具有取材广泛、施工方便、造价低廉等优点,且强度高、延性好

续表

结构体系	研制国家	结构介绍	性能特点
CL(composite lightweight)结构体系[32-33]	中国	又称复合保温钢筋焊接网架混凝土剪力墙,由CL网架板(用两层或三层钢筋焊网,夹以保温板,用三维斜插钢筋焊接而成的钢筋网架)两侧浇筑砼后形成的兼承重、保温、隔音于一体的墙体	具有抗震性能良好、使用寿命长、大部分部品采用工厂化加工、能保证建筑质量等优点
喷涂式混凝土夹芯墙(sprayed concrete sandwich wall,SW)[34]	中国	需预制网架夹芯板,板芯为阻燃型聚苯乙烯泡沫塑料板,用双面镀锌冷拔钢丝网片和斜插丝组焊成型,板四周配置U形连接筋、吊装件、支撑调节螺杆;将夹芯板装入组合立膜,双面浇筑细石混凝土而成	改进了CL体系网架板网间连接不牢靠、板面喷抹较厚砂浆易开裂等问题,具有抗震性能好、保温隔热效果强等特点
彩钢复合夹芯(LCF)板结构体系[19]	中国	由两层彩色镀锌涂层钢板做面板和自熄性聚苯乙烯泡沫塑料板做芯材,通过自动复合成型机,用高强度黏结剂,经加压复合、修边等工艺复合而成的一种三明治板材	具有施工简便迅速、隔声保温、经济合理等优点
密肋复合墙板结构(密肋壁板轻框结构)体系[35-36]	中国	由密肋复合墙体、隐形外框架和混凝土现浇形成,主要的抗侧力构件(密肋复合墙板)是以截面和配筋较小的钢筋混凝土为框格,内嵌以炉渣、粉煤灰等工业废弃物为主要原料的加气硅酸盐砌块预制或现场浇筑形成	具有生态环保、节能保温、快速建造等优点
钢筋-混凝土组合网架夹芯剪力墙结构体系(WZ体系)[37]	中国	采用小直径钢筋(丝)制成小高度平面钢筋网架,然后将网架的两层弦杆浇筑在两层混凝土板内,构成钢筋-混凝土组合网架,并在组合网架混凝土板之间填充保温夹芯板	具有土建造价低、结构性能优良、工业化生产水平高等特点
FC轻质复合墙板[38]	中国	采用硅酸盐钙板为面板,厚度为5mm,两面板之间浇筑由再生阻燃聚苯乙烯泡沫颗粒、砂、水泥、粉煤灰等材料组成的轻质混凝土	具有质轻、防水、防火、保温、隔热、隔声等特点
钢丝网架水泥聚苯乙烯夹芯板(泰柏板)[19]	中国	用低碳冷拔镀锌钢丝焊接成三维空间网架,并在中间填充自熄性聚苯乙烯泡沫芯材,两侧铺抹水泥砂浆而形成的完整夹芯复合墙体	具有节能效果好、重量轻、隔声性能好等特点

结构体系	研制国家	结构介绍	性能特点
玻化微珠永久性保温墙膜复合剪力墙结构[39-40]	中国	剪力墙以玻化微珠保温砌块为墙模,对孔错缝砌筑成现浇墙体的模板,在模内形成空腔;墙模内部配置钢筋网片,沿墙模上部空腔灌注自密实混凝土,形成复合剪力墙,并与外墙上部圈梁、现浇或装配式楼板和屋盖形成完整体系	具有保温性能好,能有效保证安全性、耐久性和舒适性等优点,适用于任何地区

以上结构形式的共同点为:通过合理的结构形式和建筑构造,将多种材料有机融合为一个整体,有效实现结构和节能的一体化。但以上结构形式或多或少存在一些不足之处,新型节能墙体的结构形式仍需不断创新和完善。

目前,国内外对夹芯复合墙板的研究主要集中在计算理论研究、力学性能研究、热工性能研究、抗火性能研究几个方面。

计算理论研究方面。Tatsa 等[41]以偏心荷载作用下的三明治复合墙板为研究对象,在考虑材料非线性和剪切变形的基础上,对三明治复合墙板的力学行为进行理论分析,发现设计三明治复合墙板时需考虑复合结构的强度、稳定性及夹芯层与受压层之间的界面性能等三方面因素。Hassan 等[42]建立了预制三明治复合墙板(SWP)在不同荷载水平下面板与夹芯层之间复合程度的评估方法。陈国新等[43]结合前期框格和复合墙体的试验研究结果,提出复合墙体的动力反应特征分析模型,模拟结果与实测值吻合较好。陆海燕[44]系统研究了复合保温钢筋焊接网架混凝土剪力墙的结构设计理论,并提出一个平面抗侧力分析模型。

力学性能研究方面。Sharaf 等[45]和 Bazazi 等[46]研究了面板采用玻璃纤维增强复合板、不同材料夹芯层的三明治复合墙板的弯曲力学性能,通过试验证实夹芯层的密度与复合墙板的弯曲强度和刚度密切相关。Rafiei 等[47]进行了足尺异型三明治复合墙板(两侧为钢板,中间为高性能混凝土)的平面内单调荷载试验,并研究不同屈服强度的混凝土,即高延性纤维增强水泥基复合材料(ECC)和自密实混凝土(SCC)对复合墙板力学性能的影响,并提出相应的分析模型,结果表明,使用ECC 时复合墙板具有更好的延性。Gara 等[48]对不同长细比的三明治复合墙板(夹芯层为聚苯乙烯泡沫板,面板层为喷射混凝土)进行了轴心和偏心抗压强度试验,并进行相应的数值模拟,模拟结果与试验结果吻合较好。Frankl 等[49]研究了碳纤维增强复合材料(CFRP)对复合墙板整体性能的影响,结果表明,使用 CFRP

可有效增加复合墙板的保温隔热效率,延长使用寿命,提高墙板整体性。Xiao 等[50]研究了五片三明治砌体墙的抗震性能,结果表明,新型三明治砌体墙的抗震性能与传统砌体墙较为类似,破坏的主要原因为墙底部裂纹处的滑动或斜裂缝的发展。此外,张延年等[51]针对现场发泡夹芯墙的研究表明,此类墙体具有较好的变形能力;构造柱、连接件和钢筋混凝土梁挑耳均能有效改善该类新型节能墙体的变形能力和整体变形能力。

热工性能研究方面。建筑能耗与围护结构的热工性能密切相关,关于复合墙体热工性能的相关文献较多。Asan[52]在前人的基础上,得到了复合墙体在周期对流边界条件下的一维传热方程,并计算比较了最优的保温材料位置以达到最大的滞后时间和最小的衰减指数。Lindberg 等[53]基于对六个建筑结构相同但外墙材料不同的建筑物连续五年的测试结果,指出墙体材料热容性在建筑节能中的重要影响,采用合适的墙体材料是降低建筑能耗的有效手段。高原等[54]比较了加气混凝土墙体自保温和胶粉聚苯颗粒贴砌聚苯板墙体外保温的热工性能后发现,前者具有造价低、墙体防火性能好、施工简单等优点。王厚华等[55]针对内外保温形式、保温厚度、保温材料不同的情况,采用 Fluent 软件对比分析了不同构造墙体的热工性能。曾理等[56]结合工程项目研究了复合陶粒混凝土砌块墙的热工性能,结果表明,该试点工程的热工性能可达到建筑节能 50% 的设计要求。

抗火性能研究方面。建筑火灾具有较强的破坏性,重大火灾事故极易引起人员伤亡和财产损失,作为围护结构,墙体的防火安全必须引起足够的重视。Lee 等[57-58]在考虑足尺墙体的厚度、荷载形式、配筋率、混凝土抗压强度和试件龄期等因素的基础上,对八个足尺钢筋混凝土承重墙进行了明火试验,结果表明,龄期较短、厚度较薄、基体混凝土强度较高的墙体耐高温性能较差。他们在前人的基础上还提出了用于描述构件耐高温性能的模型,并通过模型分析发现墙体的厚度和荷载形式是影响墙体耐高温性能的主要因素。Kolarkar 等[59]通过冷弯薄壁型钢框架复合墙的单面受火试验,测试了该类墙体的耐高温性能,结果表明,复合空心墙的空腔有效提高了该墙体的耐高温性能,其中属填充火成岩纤维效果最显著。叶继红等[60-61]通过明火试验发现,硅酸铝棉外填充的 C 形冷弯薄壁型钢承重墙体在 0.65 荷载比率下达到的最长耐火时间为 165min,满足我国现行建筑设计防火规范的相应要求,并提出了用于预测组合墙耐火极限的热-力耦合模型。

1.3.2 新型节能保温墙体材料的发展及研究现状

采用合理的墙体结构形式能使复合墙体达到事半功倍的节能效果,但无论采用何种墙体结构方式,建筑材料本身的性能始终是直接影响墙体建筑节能效果的重要因素。随着建筑节能工作的不断深入和强制性标准的出台,市场上一些传统墙体材料已很难满足相应的需求,因此开发和研制新型墙体材料尤为重要。目前,墙体材料的革新主要集中在各种改良砌块与节能墙板[39]两大方向。

在国外,发达国家关于新型墙体材料的关注点主要集中在耐久、节能和功能三方面,并注重墙体材料生产资源的开发研究[62]。建筑砌块在欧美国家被普遍使用,这些砌块的原材料大多为节能环保材料。如混凝土砌块,美国近年来的消费量约为 $5×10^7 m^2$,占本国墙体材料的 34%,品种多达 2000 余种,此类砌块材料原材料来源广,生产效率高,且价格低廉,具有良好的市场[63]。石膏板也是主要的新型墙体材料之一。相关资料表明,美国生产的石膏有 80%~90% 用于石膏墙体材料的生产,而日本的石膏墙体每年生产量已突破 $5×10^8 m^2$,加拿大的人均石膏墙体面积约为 $13.2 mm^2$,为世界第一[64]。加气混凝土砌块至今已有 90 多年历史,具有高强度质量比、可承重、保温、防火及防霉等优点,产品生产和应用范围扩展到全球40 多个国家和地区。在欧洲,加气混凝土砌块总产量达到 $1.63×10^7 m^2$,占整个欧洲建筑工程材料总量的 60%~80%[65]。此外,国外的灰砂砖和轻质板(如纤维增强水泥板、石棉水泥板、硅酸钙板等)亦具有一定的应用市场。

我国传统的墙体材料为以黏土为主的黏土砖,但此类材料能耗高、资源消耗大、保温隔热效果差。自 1978 年开始,我国通过不断引进国外先进生产技术和设备,已着手大力研发新型绿色墙体材料来取代黏土砖。迄今为止,国内新型墙体材料已形成以砖为主、砌块和板材为辅的产品结构[62]。

目前,国内砖的种类较多,主要有烧结多孔砖、烧结空心砖、硅酸盐砖等,这类材料具有减轻建筑物自重、改善墙体保温性能、提高使用面积系数等特点[66]。较砖类墙体材料而言,砌块类墙体材料应用较广泛,目前国内使用较多的砌块类墙体材料有水泥混凝土砌块、加气混凝土砌块、石膏砌块等。水泥混凝土砌块取材方便、生产能耗低、成本低,同时具有强度高、砌筑方便、墙面平整度好等优点,但此类砌块的温度变形和干缩变形均比普通黏土砖大,易产生裂纹[19]。加气混凝土砌块是近年来国内发展最为迅速的砌块类墙体材料之一,在我国已有 40~50 年的应用历史,具有极好的保温隔热性能,服务寿命长、性价比高,是墙体材料中唯一通过单一材料即可达到节能要求的材料,但它具有体积密度小、块形大、吸水量大但吸水速率低等缺点,因此应重视加气混凝土砌块的实际施工质量[67]。石膏砌块是以建筑石膏为主要原料,经加水搅拌、浇筑成型和干燥而成的块状建筑石膏制品,一般分为空心和实心两种,具有较好的耐火性、隔音性和环保性。我国的石膏胶凝材料产量占水泥产量的比例很低,仅为 3%,故此类砌块仍具有较大的发展空间[68-69]。20 世纪 70 年代末,我国新型墙体材料板发展迅速,常见的新型板材料主要有玻璃纤维增强水泥轻质多空隔墙条板(GRC 板)、石膏板复合墙板、轻集料混凝土墙板、彩钢复合夹芯板、钢丝网架水泥聚苯乙烯夹芯板、水泥聚苯外墙保温板、纤维增强水泥板等,目前应用最广泛的为 GRC 板和石膏复合墙板,此类板材主要用于各种建筑物的内隔墙,具有一定的保温隔热作用。

近年来,国内外逐渐认识到节能墙体的重要性,关于新型保温墙体材料方面的研究越来越多。Narayanan 等[70]对加气混凝土结构和性能做了较为系统的总结。Kearsleya 等[71]研究了粉煤灰掺量对新型墙体材料泡沫混凝土抗压强度的影响,结果表明,当粉煤灰掺量高达 67% 时,泡沫混凝土抗压强度显著下降。Alfawakhiri 等[72]和 Manzello 等[73]分别对承重和非承重钢龙骨石膏墙板的防火性能进行了总结和研究,Manzello 等[73]给出了相应的数值模拟结果,其与试验结果吻合较好。Chi 等[74]研究了高温后轻骨料混凝土墙体(RLAC)的抗震性能,并在极限荷载、屈服荷载、开裂荷载和刚度等方面与普通钢筋混凝土墙(RNAC)进行比较,结果表明,RLAC 在相同高温处理条件下的抗震性能优于 RNAC。哈尔滨工业大学的陈睿等[75-77]研究了新型稻壳砂浆轻质节能复合墙板的热工性能和力学性能,为该类轻质节能复合墙板的应用奠定了基础。繁易[7]则开展了利用农作物秸秆弃物与其他墙体材料复合制备新型墙体材料的相关研究,使秸秆作为一种轻质保温墙体材料被逐步运用到复合墙体中。玻化微珠具有质轻、耐高温、抗老化等优点,代学灵等[78]阐述了其在涂抹式、砌块式、砌模式、墙板式和现浇整体式自保温墙体中的应用,为玻化微珠在建筑节能中的应用奠定了理论和实践基础。于敬海[79]、李敬明[80]和刘雪梅[81]分别研究了加气混凝土承重砌体墙的抗震性能和力学性能,旨在更深入地研究加气混凝土砌块的各方面性能。

以上研究表明,墙体材料的革新在国内外均取得了一定进展,使用新型墙材建设节能建筑将是实现建筑节能的必要途径。我们应充分利用高新技术和高新产品开发新型墙体材料,使之在建筑物自重、强度、热工性能等方面均具有明显的优势,不断开拓节能墙体材料的新领域。

纤维编织网增强混凝土(textile reinforced concrete,TRC)作为一种新型水泥基复合材料,是将连续纤维粗纱沿着混凝土构件中主拉应力方向布置的新型材料,具有耐腐蚀、重量轻、承载力高、限裂能力好等优点[82-84]。TRC 构件用纤维编织网代替了钢筋,其保护层厚度仅需满足黏结锚固的要求,可广泛应用于薄壁结构,适宜制成面板、三明治构件等[85-87]。本书结合"十二五"国家科技支撑计划项目"新型钢结构民用建筑成套技术开发与应用"(2012BAJ13B04)中的"钢结构建筑防火关键技术研究"和浙江省科技计划项目"长寿命轻质薄壁自保温装配式墙体"(2011C11083)中的相关研究内容,在前人对 TRC 的研究基础上,提出将 TRC 结构与保温隔热材料有机结合,研究和开发结构、保温、防火一体化的三明治新型墙体的设想。

　　TRC 在国外已有多年的研究历史。国外建立了相关的研究机构,集群化的发展优势已逐步显现,并积累了丰硕的研究成果(图 1.3)[85,87-95]。相对而言,国内关于 TRC 的研究起步较晚。目前国内从事 TRC 研究的主要有浙江大学的徐世烺团队、盐城工学院的荀勇团队和湖南大学的朱德举团队等,研究的内容多为 TRC 材料性能和 TRC 加固及耐久性方面,而关于 TRC 构件作为围护结构应用的研究较少,且在国内尚无应用实例。

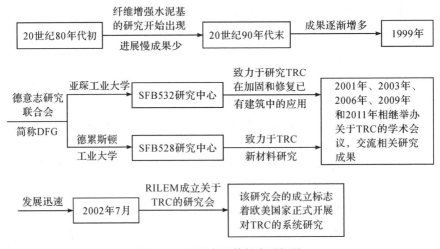

图 1.3　TRC 在国外的发展概况

1.4　TRC 的研究现状

　　目前,关于 TRC 的研究主要集中在以下几个方面:①关于 TRC 基体材料及纤维编织网(纤维种类、网的构造等)的研究;②关于基体与纤维编织网之间界面性能的研究;③关于 TRC 构件基本性能的研究;④关于 TRC 构件耐久性的研究。

1.4.1　TRC 材料性能

　　精细混凝土作为 TRC 构件的一部分,其性能优劣将直接影响构件的整体性能,因此国内外关于 TRC 基体材料性能的研究较多。国内外常见的精细混凝土的种类见表 1.4。表中的各类精细混凝土均具有良好的工作性能、较低的蠕变和收缩效应。在国外,Brameshuber 等[105]和 Orlowsky 等[106]分别给出了以铝酸盐水泥和磷酸盐水泥为主要胶凝材料的精细混凝土配比,采用此类精细混凝土有利于 TRC 构件中玻璃纤维的耐久性。Escrig 等[109]在研究 TRC 加固对钢筋混凝土梁剪切性能的影响时采用了不同的精细混凝土和纤维编织网,结果表明,采用聚对苯撑苯并二噁唑(PBO)纤维编织网及相应的精细混凝土进行加固的效果最好。Daniel等[92]提到不同的 TRC 应用工程对基体的要求也不尽相同,并对 SFB532 研究中心研发的各类基体材料进行系统地归纳和总结,给出了测定精细混凝土工作性能的方法。在国内,徐世烺团队[110-112]对 TRC 的基体精细混凝土的配比以及单轴受压性能进行了相关研究,得到一种适用于 TRC 结构的自密实混凝土,其具有良好的工作性能和力学性能,弹性模量比相同抗压强度的普通混凝土低,极限应变较大。此外,精细混凝土中的外掺短切纤维可优化裂缝开展形式,显著增强构件的韧性[113-114]。综上可知,尽管精细混凝土的配比形式多种多样,但因纤维网格尺寸的限定,各类精细混凝土均具有最大骨料粒径小、流动性强、不离析、强度高等特点。TRC 基体的配比可根据不同用途在一定范围内变动。

表 1.4　精细混凝土的种类

基体系统	水泥	添加剂	生产技术
SFB532[96-98]	OPC	粉煤灰、硅灰和超塑化剂	层压、注射、喷射
玻璃骨料混凝土[99]	OPC	偏高岭土	层压
Reinhardt 等[100]	OPC	粉煤灰、硅灰和超塑化剂	预应力
Peled 等[101-102]			拉挤技术
聚合物改性胶凝系统[103-104]	OPC	聚合物	层压、喷射
铝酸盐水泥[105]	CAC	粉煤灰、硅灰和超塑化剂	层压
磷酸盐水泥[106]	IPC	稳定剂	层压
掺加短纤维[107-108]	OPC	粉煤灰、硅灰和超塑化剂	层压

注:OPC 为复合硅酸盐水泥;CAC 为铝酸盐水泥;IPC 为磷酸盐水泥。

纤维编织网是指利用编织技术将纤维粗纱织成的平面或立体纺织网,其性能决定了水泥基材料的增强效果。纤维编织网对 TRC 构件力学性能的影响研究主要包括纤维编织网的种类和纤维编织网的构造两方面。

关于纤维编织网的种类。李大为[115]和王冰[116]分别研究了玻璃纤维编织网、碳-玻混编的纤维编织网与超高韧性水泥基材料基体之间的界面黏结性能。

Xu 等[83]通过拉拔试验和理论分析,研究了碳纤维、芳纶(Aramid)纤维和玻璃纤维与基体混凝土之间的界面黏结性能。戴清如等[117]的研究表明,碳-玻混编 TRC 薄板的力学性能优于玄武岩 TRC 试件。TRC 中的纤维增强材料一般要求有较高的韧性和伸长率,为避免开裂后构件刚度急剧下降,纤维的弹性模量应远高于基体;为保证构件的长寿命,纤维应具有较高的耐久性;此外,高性价比、便于工业化生产等因素也是选择纤维增强材料的重要标准。目前,市场上常见的纤维增强材料有玻璃纤维、碳纤维、Aramid 纤维和玄武岩纤维等。表 1.5 给出了常见纤维材料的性能参数,并给出了常用钢筋参数作为参照[118]。一般情况下,选择弹性模量较高的纤维作为增强材料效果较好,如碳纤维等。

表 1.5　纤维材料性能

纤维类型	拉伸强度/GPa	弹性模量/GPa	极限应变/%	温度膨胀系数/($10^{-6} K^{-1}$)
E 玻璃纤维	3.4～3.7	72～74	3.3～4.8	4.8
耐碱玻璃纤维	3.0～3.5	71～74	2.0～4.3	—
普通 Aramid 纤维	2.8	58	3.3	−2(轴向)
高弹模 Aramid 纤维	2.4～2.8	120～146	1.5～2.4	20～70(径向)
高抗拉强度碳纤维	3.0～5.0	200～250	1.8～1.9	−0.13～−0.10(轴向)
高弹模碳纤维	2.0～4.0	350～450	1.8～1.9	18(径向)
玄武岩纤维	3.3～4.5	95～115	2.4～3.0	5.5
钢筋 HPB235	0.4	210	22.0	12
钢绞线 1×7	1.9	195	3.5	12

关于纤维编织网的构造。纤维编织网中的纤维粗纱由纤维单丝组成,常见的纤维单丝成股的方式如图 1.4 所示[119-121]。纤维单丝成股形成纤维束,纤维束编织成网。用于 TRC 增强材料的常见纤维编织方法主要有针织和平织两种(图 1.5),纬向为增强方向[122]。由于在节点处没有屈曲,针织方式能充分利用纤维网中纤维的潜能;而平织方式的纤维在节点处易发生应力集中,但节点处的波纹形态有助于提高纤维束与基体之间的界面黏结性能[123]。纤维编织网的几何特征对 TRC 构件有着重要的影响[122,124-128]。Peled 等[122]研究了不同编织方式和纤维种类对纤维在基体中增强效率的影响,结果表明,对于纤维编织网与水泥基的复合材料而言,纤维编织网不能被简单地视为一种连续纤维粗纱,而是应考虑两者的相互作用。Peled 等[124,126]通过拉拔试验,从宏观和微观角度系统地分析了不同编织方式对界面黏结性能的影响。Peled 等[127-128]还通过相关试验研究了纤维束纱线中的屈曲波峰及波长与拉拔力之间的关系。

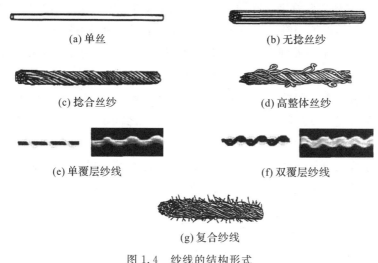

(a) 单丝　　　　　　　　　　　　　　(b) 无捻丝纱

(c) 捻合丝纱　　　　　　　　　　　　(d) 高整体丝纱

(e) 单覆层纱线　　　　　　　　　　　(f) 双覆层纱线

(g) 复合纱线

图 1.4　纱线的结构形式

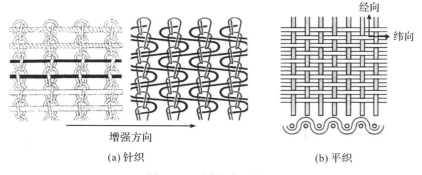

(a) 针织　　　　　　　　　　　　　　(b) 平织

图 1.5　不同的编织方法

1.4.2　TRC 界面性能

在荷载作用下,TRC 的力学行为受纤维编织网和基体混凝土界面黏结性能的影响较大,因此研究纤维编织网和基体混凝土之间的界面黏结性能具有重要的意义。国内外学者分别从不同的角度,采用不同的方法提高纤维编织网和基体混凝土之间的黏结性能。在国外,Peled 等[101,122,124-126,129-130]的研究表明,纤维编织网的几何特征影响着两者的界面黏结性能,制作和浇筑工艺对 TRC 构件中纤维编织网和基体混凝土的界面黏结性能有着重要影响,拉挤成型技术有利于提高两者间的黏结强度。Xu 等[83]、Dilthey 等[104]、Krüger 等[131] 和 Keil 等[132]指出,用环氧树脂或聚合物分散体浸渍纤维编织网能较好地改善两者之间的界面黏结性能,提高

TRC 构件的整体力学性能。在国内,徐世烺团队为改善纤维编织网与基体混凝土之间的界面黏结性能,开展了大量的试验研究,他们认为采用环氧树脂浸渍并在其表面粘 0.15～0.30mm 细砂[131-133]、施加预应力[134-135]、改善基体混凝土的工作性能[135]、增加纤维束埋长[136]、掺短切聚丙烯纤维和在纤维编织网上挂 U 形钩[137]等方法均能改善两者之间的界面黏结性能。荀勇团队[138-140]通过试验研究发现,织物浸胶和施加预应力均可提高织物和基体混凝土之间的界面黏结性能。俞巧玲等[141-142]通过拔出试验和抗折试验研究了织物的密度和织物中尼龙束捻度对其增韧水泥砂浆界面黏结性能的影响,结果表明,无论是织物密度还是尼龙束捻度,均存在一个取得最佳界面黏结性能的最优值。

1.4.3　TRC 构件基本性能

作为一种建筑构件,得到 TRC 构件各方面的物理性能参数十分有必要。表 1.6 为国内外关于 TRC 构件物理性能研究的汇总,概述了部分经典文献对于 TRC 材料在基本性能方面的研究成果。

表 1.6　TRC 构件基本性能研究文献综述

物理性能	作者	主要贡献
单轴拉伸性能	Jesse 等[143]	对 TRC 薄板进行单轴拉伸试验,得到试件的典型应力—应变曲线(图 1.6)
	Hegger 等[82]	提出两层纤维模型(即只考虑表层纤维和核心纤维)的应力表达式: $$T^s(s) = \tau_{fil}(s) \cdot U_{fil} \cdot \frac{A_{Rov}}{A_{fil}} \cdot (1-\eta) \cdot q^s \quad (1.1)$$ $$T^e(s) = \tau_{fil}(s) \cdot U_{fil} \cdot \frac{A_{Rov}}{A_{fil}} \cdot \eta \cdot q^e \quad (1.2)$$
	Häußler 等[144-145]	在考虑纤维与基体的有限强度和两者非线性黏结规律的基础上,提出一个简化二维有限元模型
	Barhum 等[146-149]	分别研究外掺短切纤维、配网率、荷载形式(如加载速率)等因素对 TRC 拉伸性能的影响
	Hartig 等[150-151]	研究试件形式、夹具类型等因素对 TRC 拉伸性能的影响,并制定有关拉伸试验的规范草案

物理性能	作者	主要贡献
抗弯性能	Reinhardt 等[118]	研究施加预应力对 TRC 弯曲性能的影响
	Holler 等[152]	基于赖斯纳-明德林(Reissner-Mindlin)壳体理论,提出一个模拟 TRC 构件承载行为的模型,与四点弯曲试验结果吻合较好
	Hegger[85]	提出 TRC 抗弯公式: $$M_u = k_{fl} \cdot F_{ctu} \cdot z \qquad (1.3)$$
	徐世烺等[114,137,153-154]	研究纤维编织网浸胶、粘砂、挂 U 形钩、在基体混凝土中外掺聚丙烯纤维、施加预应力等措施对 TRC 薄板弯曲性能的影响
电热性能	Xu 等[155-157]	用数值和试验相结合的方法验证 TRC 构件具有良好的导电效果,通电后可实现实时融雪功能
抗冲击性能	Tsesarsky 等[158-159]	分别研究 TRC 加固试件和 TRC 加气混凝土夹芯板的动态冲击性能,结果表明,TRC 能有效提高试件的能量吸收率
抗渗性能	Mechtcherine 等[160-162]	通过相关研究发现,用带裂缝的 TRC 构件抗渗性优于普通带裂缝混凝土试件,构件的抗渗性与纤维编织网是否浸胶等特征相关

注:式(1.1)和式(1.2)中,T 表示单位长度上的应力;$\tau_{fil}(s)$ 为黏结应力;U_{fil} 为单根纤维丝的周长;A_{fil} 为单根纤维丝的面积,A_{Rov} 为单根纱线面积;η 为核心纤维丝的比率;q^s 和 q^e 分别为表层和核心纤维的黏结系数。式(1.3)中,k_{fl} 表示纤维材料的抗弯承载系数,不同种类的纤维该值各不相同;z 表示内力臂;F_{ctu} 为单轴抗拉强度。

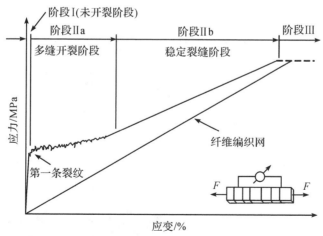

图 1.6　单轴拉伸下 TRC 的应力—应变曲线[143]

1.4.4　TRC 耐久性能

纤维编织网在水泥基材料中的长期耐久性问题是近几年学者们关注的重点,该问题直接影响 TRC 构件在工程领域中的应用。在国外,Bulter 等[163]研究了加速老化的 TRC 构件的拉伸性能,结果表明,基体碱性值对 TRC 构件的耐久性有较大影响。此外,他们还通过微观电镜扫描,发现纤维与基体之间的不利固相物质是导致构件性能退化的主要因素。Cuypers 等[164]和 Orlowsky 等[165]的研究表明,纤维编织网中的玻璃纤维中锆含量越高,纤维在水泥基材料中的耐久性越好。Raupach 等[166]尝试通过用环氧树脂浸渍纤维编织网的方式改善 TRC 构件的耐久性。在国内,田稳苓等[167-168]不仅归纳改进了玻璃 TRC 试件耐久性试验方法,还从水泥基材料、纤维涂层、外界温度等角度研究了玻璃 TRC 试件耐久性能的影响因素。李赫[154]通过加速老化试验研究玻璃纤维混凝土中玻璃纤维的腐蚀程度,间接说明 TRC 构件的耐久性。杜玉兵等[169]和艾珊霞[170]通过氯盐干式循环试验直接研究 TRC 构件的耐久性,为该类环境下 TRC 构件的耐久性设计提供数据参考。

1.5　TRC 的应用研究现状

TRC 具有多方位的定向增强性能,有优良的控裂能力,其应用研究主要涉及加固修复既有建筑结构和制成围护结构两个方面。

1.5.1　TRC 用于加固修复既有建筑结构

水泥基基体材料作为黏结应力剂,可将纤维编织网应用于结构的加固修补(图 1.7)[171]。近年来,国内外学者在 TRC 加固方法上做了大量的研究工作,推动了 TRC 在结构加固修复中的应用。表 1.7 总结了国内外关于 TRC 在加固方面的部分典型研究成果,从表中可知,采用 TRC 加固修补建筑物具有较大的优势。

图 1.7　TRC 加固层细节

表 1.7 TRC 加固研究文献综述

应用领域	参考文献	研究方法	结论
TRC 与旧混凝土的界面性能研究	Ortlepp 等[171]	双搭接—压拉试验	编织网与旧混凝土的黏结应力呈非线性应力—应变关系,受外力会产生裂纹,导致加固层脱黏或 TRC 基体开裂;给出了黏结承载力估算模型(图1.8)和两者的破坏模式(图1.9)
TRC 与 UHTCC 的界面性能研究	王冰等[115-116]	黏结抗拉、抗折、抗剪试验	强度在一定范围内随旧混凝土粗糙度的增加而增大,使用界面剂(如丁苯水泥净浆)对纤维网进行表面处理可提高界面黏结性能
TRC 加固 RC 板的弯曲性能研究	Brückner 等[172-173]	四点弯曲试验	采用 TRC 加固 RC 板具有较好的效果,纤维网加固提高了板的极限承载力,提高幅度随纤维编织网层数的增加而增大
TRC 加固 RC 板的理论研究	Graf 等[174-175]	数值方法	通过引入模糊随机函数模拟材料和几何参数的不确定性,模拟计算值与 TRC 加固板的弯曲试验值吻合较好,此类数值方法为 TRC 加固构件的结构设计提供了依据
TRC 加固梁的受弯性能研究	徐世烺等[176-181]	四点弯曲试验和理论计算	纤维网浸胶、粘砂处理、基体混凝土中外掺短切纤维、新老混凝土之间植入 U 形钩等方式可提高 TRC 加固梁的整体受力性能;基于平截面假定推导了 TRC 加固梁在三种破坏状态下的正截面承载力计算方法
TRC 加固梁的受剪性能研究	荀勇等[182-183]	不同剪跨比的斜截面承载力试验	加固措施有效提高了 TRC 加固梁的抗剪承载力,剪跨比较大梁的提高幅度较大;在试验基础上,给出了 TRC 加固梁的抗剪设计计算公式
TRC 加固梁的疲劳性能研究	尹世平等[184-186]	三分点弯曲疲劳试验	TRC 加固梁可明显提高疲劳寿命,提高幅度随纵筋配筋率、配网率增加而增大;通过回归分析得到 TRC 加固梁疲劳刚度计算公式
TRC 加固梁的力电性能研究	尹红宇等[187]	四点弯曲试验	TRC 加固梁荷载—位移曲线与荷载—电阻曲线基本吻合,表明智能 TRC 板能有效监测试件受力损伤演化过程

应用领域	参考文献	研究方法	结论
TRC 加固柱的轴心受压性能研究	Peled 等[188-189]	轴心抗压强度试验	TRC 修复受损圆形柱的效果明显,且在抗压强度和弹模方面比 FRP 更具优势,但在加固矩形柱时,两者效果差别不大;通过引入有效系数提出了相应的计算模型
TRC 加固柱的偏心受压性能研究	薛亚东等[190-192]	侧面加固偏压短柱试验	TRC 侧面加固方法中偏心距越大,增强效果越好;构件前期受力历史对加固效果影响明显;提出了 TRC 侧面加固短柱极限承载力计算方法和裂缝扩展理论
TRC 加固柱的抗震性能研究	Bournas 等[193-194]	拟静力试验(低周反复加载试验)	TRC 加固柱能延缓纵筋弯曲,阻止黏结破坏,增加耗能能力;较纤维增强复合材料(FRP)而言,具有更好地提高加固柱强度和变形的能力;加固效果与柱内纵筋截面形式和搭接长度相关
TRC 加固柱的抗扭性能研究	Schladitz 等[195]	扭转试验	TRC 加固能显著改善加固柱的抗扭承载力和适用性;根据拉—压杆模型计算得到的 TRC 加固柱的承载力与试验值吻合较好
TRC 加固节点的力学性能研究	Alsalloum 等[196]	拟静力试验(低周反复加载试验)	与 CFRP、玻璃纤维增强复合材料(GFRP)加固的梁柱节点相比,采用 TRC 加固的试件能在一定程度上提高试件的抗剪强度和变形能力,提高幅度依赖于纤维编织网的层数
TRC 加固砌体墙的力学性能研究	Papanicolaou 等[197-200]	平面内/外低周反复试验、剪切试验等	考虑纤维网层数、纤维类型和基体配比等因素,研究了 TRC 加固无筋砌体结构在荷载作用下平面内和平面外的力学性能,结果表明 TRC 加固能改善砌体墙的强度和延性

注:表中 UHTCC(ultra high toughness cementitious composites,超强韧性水泥基复合材料)是一种高性能纤维增强混凝土复合材料。

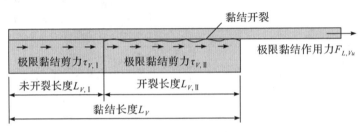

图 1.8　黏结承载力估算模型

(a) 编织网与旧混凝土间剥离破坏

(b) 新旧混凝土黏结破坏

①旧混凝土表面破坏
②旧混凝土内部破坏

(c) 旧混凝土发生破坏

①特殊的分层状况
②特殊的旧混凝土破坏

(d) 新旧混凝土混合破坏

图 1.9　TRC 与旧混凝土基体发生破坏的模式

1.5.2　TRC 用于制成围护结构

TRC 构件用纤维编织网代替了钢筋，其保护层厚度仅需满足黏结锚固的要求即可，可广泛应用于薄壁结构，适合制成面板用于围护结构。国外学者针对 TRC 构件在围护结构上的应用进行了相关的研究，主要分为理论研究和试验研究两方面。

1.5.2.1　理论研究

三明治复合墙板的承载力主要取决于面板层厚度、复合墙板整体厚度和夹芯层的刚度，如图 1.10 所示[201]。Hegger 等[86,202]介绍了非复合结构（non-composite action，NCA）和全复合结构（full composite action，FCA）的应力分布，如图 1.11 所示，并基于 Stamm 等[201]关于三明治复合结构梁的模型提出关于三明治复合 TRC 墙板的计算模型，计算得到的荷载—位移曲线与试验曲线吻合较好。

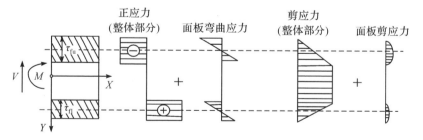

图 1.10　三明治复合墙板的应力分布

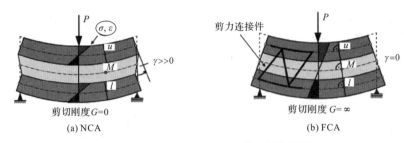

(a) NCA

(b) FCA

图 1.11　NCA 和 FCA 三明治复合墙板

Cuypers 等[204]介绍了连续方法、弹性基础的梁理论方法和基本夹层板理论方法(elementary sandwich theory,EST)等三种简化模型,着重介绍了基于 EST 理论的模型,还进行了以无机磷酸盐水泥基为主要胶凝材料的四块 TRC 三明治墙板的四点弯曲试验,得到的荷载—位移曲线与理论值吻合较好。Shams 等[206]为简化 TRC 三明治板的刚度函数,把结构划分成尺寸相同的有限单元,每部分给定一个刚度,在考虑面板开裂行为的基础上给出两个模型(模型 A 和模型 B),两个模型的刚度计算公式分别为式(1.4)和式(1.5),式中参数的含义见图 1.12(a)和图 1.12(b)。六个试件的试验结果表明,与模型 B 相比,模型 A 中的理论值与试验值吻合度较高。

$$EI_A = \frac{\sum\limits_{i=1}^{n} EI_i w_i}{\sum\limits_{i=1}^{n} w_i}, \quad EA_A = \frac{\sum\limits_{i=1}^{n} EA_i w_i}{\sum\limits_{i=1}^{n} w_i} \tag{1.4}$$

$$EI_B = \frac{\sum\limits_{i=1}^{n} EI_i M_i}{\sum\limits_{i=1}^{n} M_i}, \quad EA_B = \frac{\sum\limits_{i=1}^{n} EA_i M_i}{\sum\limits_{i=1}^{n} M_i} \tag{1.5}$$

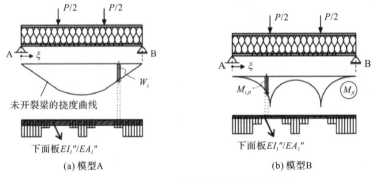

(a) 模型A

(b) 模型B

图 1.12　TRC 三明治板的刚度计算模型

1.5.2.2 试验研究

Hegger 等[86,202]对 TRC 三明治复合墙板开展了一系列试验研究,主要考虑了以下四方面因素:不同夹芯层材料[聚氨酯(PU)和聚苯乙烯(XPS)]、不同夹芯层密度、不同跨度和不同复合方式。图 1.13 为不同三明治复合墙板试件的四点弯曲试验结果。结果表明,夹芯层密度越大,复合结构承载力强度越高;面板与夹芯层之间呈锯齿状黏结比直接黏结效果更佳;夹芯层为 XPS 的试件承载力高于夹芯层为 PU 的试件。试验发现,除夹芯层密度极高的试件外,三明治复合墙板的破坏方式均为夹芯层剪切破坏,极限承载力取决于夹芯层的剪切强度,如图 1.14 所示。此外,针对 TRC 墙板连接件的不同锚固形式,可通过拉拔试验得到黏结强度最理想的连接件类型。

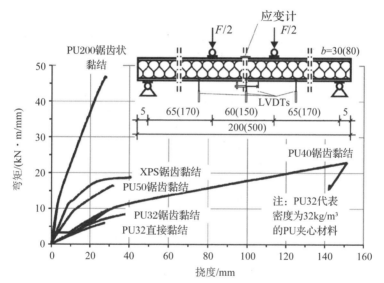

图 1.13 TRC 三明治复合墙板四点弯曲试验结果

图 1.14 TRC 三明治复合墙板的典型破坏模式

Cuypers 等[204]首先研究了纤维编织网浸胶处理、外掺短切玻璃纤维对 TRC 薄板拉伸性能的影响,结果表明,外掺短切纤维且纤维编织网浸渍环氧树脂的 TRC 薄板的极限拉伸强度较高,达到近 1400MPa;随后他们进行了 TRC 三明治墙板的静载和循环荷载下的四点弯曲试验,得出夹芯层上下面呈锯齿状有助于改善 TRC 面板与夹芯层之间的界面黏结性能,从而提高三明治墙板的极限承载力。此外,他们还介绍了 TRC 隔墙板及 TRC 幕墙的安装装置及连接形式,进一步推进了 TRC 墙板的应用发展。

Shams 等[206]通过拉伸试验、抗压强度试验和剪切试验,系统比较了不同形式的连接件对 TRC 三明治墙板力学性能的影响,结果表明,采用如图 1.15(a)所示的插头连接件对三明治墙板的承载力和刚度几乎无影响;采用如图 1.15(b)所示的抗剪网格能大幅度提高夹芯层的刚度,从而有效改善 TRC 三明治墙板的整体力学性能。

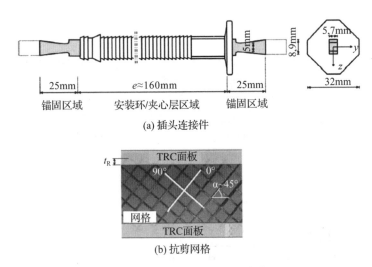

(a) 插头连接件

(b) 抗剪网格

图 1.15　TRC 三明治墙板连接装置

国内对 TRC 构件用于围护结构的研究较少。戴清如等[117,207]研究了 TRC 作为轻质薄壁外挂墙板的可行性,通过力学性能试验测定了纤维编织网和精细混凝土的物理力学性能。

1.5.3　TRC 的实际工程应用

TRC 在国外的工程应用实例较多,主要包括以下几个方面。

1.5.3.1　面板结构

国外 TRC 的生产应用主要通过预制工业来实现。近几年,荷兰 Fydro 公司已开始工业化生产 TRC 面板[208]，主要用途为外墙墙板。2002 年，TRC 首次应用于实际工程，代表作品为德国亚琛工业大学混凝土结构协会实验室的扩建立面外墙，面板尺寸为 2685mm×3250mm×250mm，面密度为 57.5kg/m²（图 1.16），建成使用后在荷载下外墙未出现开裂等现象[85,209-211]。此外，德国杜塞尔多夫的某学校、多特蒙德的某办公楼、汉堡的某医院与荷兰阿姆纳的某办公楼均使用了厚度为 20～30mm 的 TRC 墙板（图 1.17）[87]。

图 1.16 德国亚琛工业大学实验室的 TRC 幕墙

(a) 德国汉堡某医院的TRC外墙　　　　　(b) 荷兰阿姆纳某办公楼的TRC外墙

图 1.17 TRC 外墙墙板的应用

TRC 面板除被用作墙板外，还被用作环保构件，德国亚琛工业大学利用 TRC 的耐腐蚀性和较薄厚度，制作了一个小型污水处理厂。此外，TRC 面板还被应用在噪声防护墙系统、三明治外保温复合系统等结构[87]。

1.5.3.2 承载结构

TRC 构件承载力较高且壁薄质轻，可被用作承载构件，表 1.8 给出了 TRC 构件作为承载结构的应用实例。

表 1.8 TRC 构件作为承载结构的应用实例

结构形式	参考文献	结构介绍	应用实图
网格结构	Hegger 等[211]	采用预制组装的菱形晶格拱形结构,跨长为 10m,高为 3m,宽为 1.8m,壁厚为 25mm,总重量仅为 23kg	
筒壳结构	Hegger 等[85]	沿纵向拉伸方向布置 10 层纤维编织网,保护层厚度为 3～5mm,厚度为 25mm,跨度为 7～15m	
屋面板	Engbers 等[208,212]	由 8 片预制薄壳结构组成,每片长为 15.5m,宽为 10m,高为 5m	
采用喷射工艺制作的屋顶	Scholzen 等[213]	德国亚琛工业大学建造的以 TRC 为屋面材料的亭子,壳体尺寸为 7m×7m×6cm,内部布设 12 层纤维网	
预应力人行桥	Schneider 等[212]	德国德累斯顿大学研制并应用于德国奥沙茨县的人行桥,厚度为 30mm,总重为同等条件下的钢筋混凝土桥的 20%	
组合模板	Brameschube 等[214]	利用三维纤维织物和 Ω 形模具制成 TRC 组合模板,具有自重轻便于施工、工程造价低等优点	

1.5.3.3 TRC 加固修复的应用

与聚合物加固相比,采用 TRC 加固具有多方面优点[192-193,195]。近几年,TRC 在加固修复方面的应用逐渐增多,表 1.9 为 TRC 用于修复加固的部分工程实例。

表 1.9　TRC 用于修复加固的应用实例

结构形式	参考文献	结构介绍	应用实图
TRC 修复加固屋顶	Weiland 等[215-216]	为提高屋顶结构的承载力,用 15mm 厚的 TRC 对德国维尔茨堡–施韦因富特应用科技大学屋顶壳结构进行修复加固	
TRC 修复加固古建筑	Erhard 等[217]	用不厚于 30mm 的 TRC 修复加固了德国茨维考的某古建筑的拱形屋顶	
TRC 修复加固预制预应力双 T 梁	Pellegrino 等[218]	梁长为 11.67m,宽为 1.285m,高为 0.4m,翼缘宽为 5cm,采用 TRC 加固双 T 梁,加固效果良好	

1.6　TRC 耐高温性能的研究现状

由于 TRC 结构的保护层厚度仅需满足锚固要求,具有壁薄质轻的特点,因此其耐高温性能一直是一个无法回避的突出问题。目前,关于耐高温性能的研究现状可大致分为基体混凝土耐高温性能的研究现状和 TRC 耐高温性能的研究现状两方面。

1.6.1　基体混凝土耐高温性能的研究现状

混凝土在高温或局部高温环境下,往往因性能劣化或爆裂而遭到严重破坏,力学性能大幅降低,因此对混凝土材料高温后力学性能的研究十分有必要。目前,国内外对于混凝土高温后力学性能的试验研究较多,根据影响混凝土高温性能的因素,试验中的变量主要有骨料、胶凝材料、外掺纤维、升温与冷却制度等[219]。

(1)骨料的影响。Cheng 等[220]开展了骨料类型对混凝土应力—应变关系影响的试验研究,结果表明,石灰岩骨料混凝土的高温极限应变高于燧石混凝土。金鑫等[221]研究了河砂和机制砂两种细骨料的 C40 高性能混凝土的高温后残余力学性能特征,讨论了不同细骨料种类对试件高温后力学性能的影响。周立欣等[222]对不同种类骨料的钢筋混凝土柱经历不同温度处理后在大偏心荷载下的力学性能进行了试验研究,结果表明,相同条件下硅质骨料混凝土柱的承载力比钙质骨料混凝土柱低,高温后硅质骨料混凝土柱的极限承载力下降速度约为钙质骨料混凝土柱的1.5 倍。

(2)胶凝材料的影响。水泥基材料中掺入矿物掺合料等活性粉末后,其强度会有较大幅度的提高,针对此类外掺活性粉末的水泥基材料的高温力学性能研究也在国内外逐步开展。Nadeem 等[223]研究了外掺偏高岭土和粉煤灰的水泥砂浆的高温后力学性能,结果表明,试件在 400℃ 以上的高温处理后,强度和耐久性明显下降,400℃ 为强度和耐久性损失的转折点。Poon 等[224-225]和 Seleem 等[226]均系统研究了外掺粉煤灰、矿渣、硅粉和偏高岭土的高强混凝土的高温后力学性能。随着纳米材料的不断发展,一些学者尝试将纳米活性粉末掺入混凝土以提高其强度,并取得了良好的效果。Ibrahim 等[227]、付晔[228]、Morsy 等[229]、Farzadnia 等[230]分别研究了外掺纳米 SiO_2、纳米偏高岭土、纳米氧化铝的水泥砂浆的高温后力学性能。

(3)外掺纤维的影响。在混凝土中,外掺短切纤维可提高水泥基质相的抗裂能力,能有效抑制基质相材料裂纹的扩展。Yan 等[231]测试了复掺 PP 纤维和钢纤维的高强混凝土的高温后力学性能,发现其在 800℃ 高温加热后的残余抗压强度、劈拉强度和抗折强度可分别达到普通混凝土的 1.24 倍、4.5 倍和 1.61 倍。Khaliq 等[232]研究了外掺 PP 纤维、钢纤维及复掺纤维的自密实混凝土高温下力学性能,并拟合了热力学性能参数与加热温度的关系。Cavdar[233-234]系统研究了掺加碳纤维、玻璃纤维、PVA 纤维及聚合物纤维的混凝土的高温后力学性能,并分析了纤维掺量的影响,发现 450℃ 是纤维增强作用有效发挥的临界温度。Watanabe 等[235]比较了不同纤维增强高强混凝土的高温下和高温后力学性能。李海艳等[236]研究了外掺短切钢纤维或聚丙烯纤维对活性粉末混凝土(reactive powder concrete,RPC)高温后抗压强度的影响,结果表明,钢纤维可有效提高 RPC 高温后的立方体抗压强度,并改善其受压破坏特征,而聚丙烯纤维对抗压强度有不利影响。

(4)升温与冷却制度的影响。蒋玉川[237]比较了自然冷却、洒水 30min 冷却和浸泡快速冷却这三种冷却制度对试件力学性能的影响,结果表明,无论是普通混凝土还是纤维混凝土,洒水冷却和浸泡冷却后的残余抗压、抗拉强度均低于自然冷却下的强度。Bingöl 等[238]研究了不同目标温度和冷却制度对普通混凝土高温后残余抗压强度的影响,结果表明,当目标温度高于 400℃时,所有试件的强度急剧下降;与自然冷却相比,水中浸泡的冷却方式对试件残余抗压强度的影响更不利。

1.6.2 TRC 构件耐高温性能的研究现状

TRC 构件的保护层较薄,在高温条件下对纤维材料的保护作用较为薄弱,因此该材料的防火问题较为突出,但目前国内外对 TRC 构件耐高温性能的研究相对较少。

Reinhardt 等[239]通过单面受火方式研究了用玻璃纤维和碳纤维编织网增强的工字形梁的耐火性能,得到其耐火极限时间分别为 44min 和 76min。Krüger 等[240]进行了碳纤维编织网增强的工字形梁在火灾下的恒载温升试验,得到了其耐火极限,结果表明,浸渍纤维编织网的热塑性树脂在 100℃以下即软化失效,导致结构破坏。Blom 等[241]研究了以无机磷酸盐水泥为基体材料的 TRC 构件在高温下的弯曲性能,发现高温会使试件刚度急剧下降,当温度上升至 300℃时,试件的拉伸强度下降了 50%,可见以无机磷酸盐水泥为主要基体材料的 TRC 构件耐高温性能并不理想。Ehlig 等[242]进行了不同升温速率和荷载条件下增强材料浸渍环氧的 TRC 构件的恒载温升试验,结果表明,当荷载达到极限荷载的 65%时,试件在破坏前即发生局部剥落,在 2K/min 的升温速率下,破坏温度在 420~460℃。

Silva 等[243]和 Rambo 等[244]进行了一系列 TRC 构件高温后的拉拔试验研究。Rambo 等[244]通过 X 射线衍射、热重分析和微观电镜扫描等试验手段分析了经历不同高温处理后 TRC 基体的高温劣化演化规律。不同高温处理后以硅酸盐为主要胶凝材料的基体的 X 射线衍射和热重分析如图 1.18 所示[243]。从图 1.18(a)中可知,目标温度超过 100℃时,钙矾石均已分解;目标温度在 500~600℃时,氢氧化钙的分解基本结束。图 1.18(b)中曲线三个峰值分别为 35~200℃时水化硅酸钙(C-S-H)和钙矾石开始分解;370~470℃时氢氧化钙(C-H)开始分解;600~730℃时碳酸钙开始分解。Rambo 等[244]从基体中水化物高温分解特征解释了不同高温处理后 TRC 薄板的界面黏结性能劣化和力学性能退化现象,试验结果表明,当目标温度为 600℃时,基体与纤维束之间的黏结性能退化严重,丧失拉拔试验的典型特征。

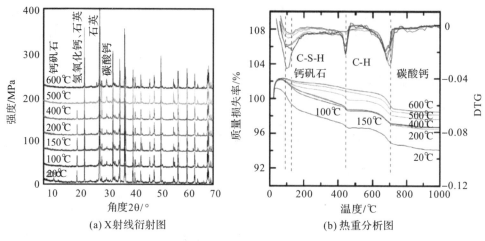

(a) X射线衍射图　　　　　　　　　(b) 热重分析图

图 1.18　高温后基体的 X 射线衍射和热重分析

Rambo 等[244]还开展了以高铝水泥为主要胶凝材料的玄武岩 TRC 构件的高温后拉伸试验,图 1.19(a)为玄武岩 TRC 薄板直接拉伸试验应力—应变曲线和薄板经过不同目标温度的高温处理后的开裂状态,从图中可知,当目标温度从 300℃ 变为 400℃ 时,TRC 薄板的极限抗拉强度值由 11.97MPa 降至 4.98MPa,陡降 58%;开裂状态也发生明显变化,由多缝均匀开裂转变为集中的主裂缝,反映出界面黏结性能明显退化[图 1.19(b)]。目标温度达到 600℃ 以上时,TRC 构件变得很脆,抗拉强度急剧下降。

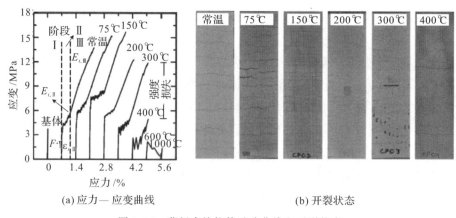

(a) 应力—应变曲线　　　　　　　　(b) 开裂状态

图 1.19　薄板直接拉伸试验曲线和开裂状态

国内关于 TRC 构件耐高温性能的研究较少,Xu 等[245]进行了浸渍环氧树脂的 TRC 薄板高温后的三点弯曲试验,结果表明,环氧树脂的耐高温性能不佳,在

200℃下加热90min后,纤维束表面的环氧树脂劣化严重,纤维束与基体界面出现明显的剥离现象,薄板迅速丧失承载力(图1.20)。Liu等[246]通过拉拔试验研究了不同拔出速度和温度条件下纤维编织网与基体混凝土之间的界面黏结行为,并对其拔出性能在速率和温度耦合下的变化规律进行了定量分析。

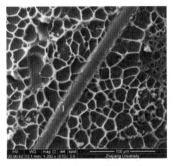

(a) 界面剥离破坏　　　　　(b) 200℃高温后微观形态

图1.20　环氧树脂的高温劣化

1.7　存在的问题

从以上研究背景和研究现状可知,若想实现TRC材料在节能保温墙体结构中的应用,目前尚存在以下问题。

(1)研究数据不足。TRC无论是作为面板结构、承载结构还是修复加固结构,均将成为建筑结构的组成部分,其抗火能力和高温力学性能必须得到保证,以满足GB 50016—2014《建筑设计防火规范》(2018年版)[247]等一系列规范对构件燃烧性能和耐火极限的要求。TRC构件耐高温性能的研究是该种材料推广应用的关键所在。目前,国内外关于TRC构件耐高温性能的文献资料较少,为了正确评价TRC构件的耐高温性能,还需积累更多的试验数据,进行更系统的研究和分析。

(2)改善措施欠缺。目前,关于TRC构件的耐高温性能的研究中,仅Blom等[241]从改变主要胶凝材料的角度提高其耐高温性能,发展了以高铝水泥为基体的玄武岩TRC构件。Xu等[245]仅点明浸渍环氧树脂的TRC薄板的耐高温效果不佳,虽试图通过外掺短切纤维的方法予以改善,但并无明显收效。如何有效改善TRC构件的耐高温性能将是后期研究的重点,亦是难点。

(3)实际应用受限。目前,TRC墙板虽已应用到围护结构中,但仍以外挂幕墙等外墙面板为主,极少应用于承重和非承重墙体结构中。TRC 保护层厚度较薄,其耐高温问题是制约其广泛应用的重要原因。TRC 三明治墙板虽已面世,但仍处于探索阶段。关于 TRC 三明治墙板的相关研究大多针对构件的力学性能,极少涉及 TRC 三明治墙板的耐高温性能,此问题有待于进一步明确。

1.8　主要研究工作

TRC 构件具有承载力高、耐久性好、薄壁轻质等优点,且在国外已有工程应用实例。本书在此基础上提出采用 TRC 新型材料与保温材料结合,研制集长寿命、轻质薄壁、保温防火为一体的新型节能保温墙体的设想。本书在全面了解并一定程度改善 TRC 构件耐高温性能的基础上,开发新型自保温三明治墙体结构,为量大面广的建筑节能领域开辟高效节能的新途径,为低碳建筑的推广提供高新技术支撑,具体研究思路见图 1.21。

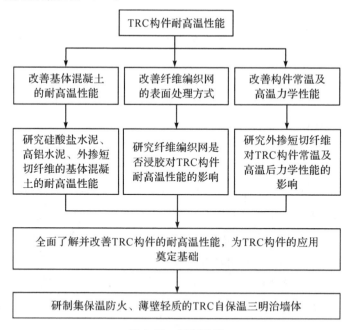

图 1.21　研究思路

根据上述研究思路,本书主要的研究内容如下。

(1)TRC 基体精细混凝土的耐高温性能研究。采用的高温力学性能测试方法为无外荷载温升残余性能试验(unstressed residual test,URT)。通过比较不同胶凝材料系统下的精细混凝土和外掺短切纤维的精细混凝土的高温后抗折强度与抗压强度,以寻求耐高温性能较好的 TRC 基体材料。

(2)TRC 薄板的高温后弯曲力学性能研究。采用高温试验方法 URT,通过 TRC 薄板的四点弯曲试验,探讨不同目标温度对不同类型 TRC 薄板(纤维编织网浸渍环氧树脂和纤维编织网未浸渍环氧树脂的 TRC 薄板)承载能力与裂缝行为的影响。通过对破坏试件进行结构方程模型(SEM)微观扫描观测,进一步分析其破坏机理。

(3)不同胶凝系统下 TRC 薄板的高温后弯曲力学性能研究。从改善基体耐高温性能的角度出发,以硅酸盐水泥和铝酸盐水泥作为主要胶凝材料,考察不同目标温度对不同类型 TRC 薄板裂缝行为的影响,并通过裂缝间距理论验证。此外,通过热重分析、压汞分析和 SEM 微观电镜扫描等手段分析两种胶凝材料对 TRC 构件高温后力学性能的影响机理。

(4)外掺短切纤维的 TRC 薄板常温力学性能研究。为解决 TRC 构件的极限挠度和裂缝宽度较大的问题,通过外掺短切纤维改善 TRC 构件的力学性能,开展外掺短切钢纤维、碳纤维、聚丙烯纤维、玄武岩纤维及复掺钢纤维与聚丙烯纤维的 TRC 薄板的四点弯曲试验,对比分析纤维编织网浸胶处理、水灰比、短切纤维种类和掺量及钢纤维长径比对 TRC 薄板承载能力和裂缝行为的影响。采用 SEM 微观扫描观测短切纤维和纤维编织网在基体混凝土中的微观形貌,分析不同种类的短切纤维对 TRC 薄板的增强机理。

(5)外掺短切纤维的 TRC 薄板高温后力学性能研究。对上述外掺不同短切纤维的 TRC 薄板进行高温处理,升温制度采用 ISO 国际标准升温曲线,考察纤维种类、纤维掺量、水灰比等因素对 TRC 薄板高温后弯曲性能的影响。

(6)TRC 自保温三明治墙体结构的物理力学性能研究。为研制 TRC 自保温三明治墙体结构,对精细混凝土软化系数、TRC 面板含水率、抗冻性能、抗压强度和导热系数进行测试。通过理论计算,探讨夹芯层材料种类和厚度对 TRC 三明治墙体热工性能的影响,寻找确保其热工性能的合理夹芯层材料和厚度。

(7)TRC 自保温三明治墙体结构的耐火试验研究。开展足尺 TRC 自保温三明治墙体结构的明火试验,考察基体混凝土材料、面板和夹芯层厚度、防火涂料等因素对该种墙体耐火性能的影响,并进行相应的有限元模拟分析,为进一步制定此类构件火灾后性能评估标准奠定基础。

参考文献

[1] 万钢. 积极应对全球气候变化[J]. 资源环境与发展, 2008, (1):1.

[2] 龙惟定. 建筑能耗比例与建筑节能目标[J]. 中国能源, 2005, 27(10):23-27.

[3] 陈泽晖. 基于数据驱动的建筑节能管理研究[D]. 重庆:重庆大学, 2020.

[4] 戴娇. 新型农作物秸秆复合墙体的应用研究[D]. 西安:西安科技大学, 2011.

[5] 李茂发. 做好建筑节能与墙体材料革新[J]. 节能与环保, 1992, (3):9-11.

[6] 何忠全. 建筑外墙外保温系统防火构造措施作用机理探究[D]. 太原:太原理工大学, 2011.

[7] 繁易. 直击央视新址火灾[J]. 中国经济周刊, 2009, (6):30-31.

[8] 陆津龙, 徐勤. 建筑外墙保温工程火灾事故的思考[J]. 2012 年全国铝门窗幕墙行业年会, 2012:138-146.

[9] 刘激扬, 沈纹, 倪照鹏, 等. 沈阳皇朝万鑫大厦火灾调查与启示[J]. 安全与环境工程, 2013, 20(6):156-159.

[10] 孟琮. 建筑外墙外保温防火安全体系的研究[D]. 青岛:青岛理工大学, 2012.

[11] 陶有生, 何世全. 建筑节能与墙体材料[C]//2008 年中国国际墙体保温材料及应用技术交流会, 2008:103-117.

[12] 付祥钊. 夏热冬冷地区建筑节能技术[M]. 北京:中国建筑工业出版社, 2002.

[13] 刘洪涛, 刘雪玲, 刘艳军. 几种常见的外墙保温形式及材料[J]. 建材技术与应用, 2002, (1):39-40.

[14] 古小英, 沈峻, 孙生根, 等. 住宅建筑外墙外保温技术现状与前景展望[J]. 住宅科技, 2005, (6):28-30.

[15] 沈正, 王新荣, 殷文, 等. 墙体自保温技术的应用现状及发展前景[J]. 墙材革新与建筑节能, 2010, (5):47-49.

[16] 张立志. 新型高效夹芯保温复合墙体的构造与性能研究[D]. 哈尔滨:哈尔滨工业大学, 2009.

[17] 李从波. 承重保温夹芯无拉接件的复合墙体的研究[D]. 广州:华南理工大学, 2013.

[18] 王兵. 纸面石膏板在住宅建筑中的应用前景[C]//2014 亚洲粉煤灰及脱硫石膏综合利用技术国际交流大会, 2014:104-106.

[19] 鲍国芳. 新型墙体与节能保温建材[M]. 北京:机械工业出版社, 2009.

[20] 刘霞, 叶燕华, 王滋军, 等. 国内外节能结构体系发展现状[J]. 四川建筑科学研究, 2011, 37(6):81-84.

[21] 朱平. 德国 TEUBERT MAGU-ICF 建筑节能体系[J]. 墙材革新与建筑节能, 2003, (1):45-47.

[22] Orth C D. Wall ablation, gas dynamics, and the history of wall stresses in ICF target chambers[C]//Proceedings. IEEE Thirtheenth Symposium on. IEEE, 1989, (1):743-745.

[23] 孙利铭,房志勇.纳士塔体系的现状研究[J].墙材革新与建筑节能,2015,(6):38-39.

[24] 张良纯.绿色多功能建筑体系技术——纳士塔建筑体系[J].上海建材,2005,(3):20-21.

[25] 周会洁,孙维东,孙亚洲.建筑保温与结构一体化技术的应用发展现状[J].长春工程学院学报(自然科学版),2015,16(4):6-10.

[26] 张小红.新型墙体材料舒乐舍板的应用[J].西部探矿工程,1999,(S1):175-176.

[27] 屠仲元,励慧恒.3维·舒乐舍板——一种新型节能板材[J].混凝土与水泥制品,1998,(1):53-54.

[28] 樊骅.装配整体式混凝土墙构体系技术研究[J].住宅科技,2010,30(12):27-33.

[29] 王凤来,赵艳,朱飞,等.砌块整浇墙刚度损伤模型研究[J].建筑结构学报,2014,35(S1):126-130.

[30] 赵艳,王凤来,张厚,等.砌块整浇墙骨架曲线影响因素分析[J].哈尔滨工业大学学报,2013,45(8):16-22.

[31] 王凤来,张厚,唐岱新.论我国墙用混凝土砌块产业发展的教训和砌块整浇墙技术[J].建筑砌块与砌块建筑,2010,(6):7-13.

[32] 李云峰,李军,张亚琴.CL结构体系特点及应用[J].建设科技,2008,(8):79-83.

[33] 范小平.CL建筑结构体系在住宅建设中的应用[J].低温建筑技术,2015,(11):77-79.

[34] 施鑫.SW体系村镇工业化住宅技术研究[D].北京:北京建筑工程学院,2012.

[35] 贾英杰.密肋复合板结构体系研究及应用[J].建设科技,2013,(21):32-35.

[36] 郭猛,姚谦峰.框架—密肋复合墙结构新体系研究[J].地震工程与工程振动,2009,29(5):73-78.

[37] 郎彬,王士凤.一种新型的节能住宅建筑体系——WZ体系[J].青岛建筑工程学院学报,2005,26(2):1-5.

[38] 钟祥璋,莫方朔.FC轻质复合墙板的隔声性能[J].新型建筑材料,2001,(10):7-8.

[39] 刘元珍.玻化微珠永久性保温墙模复合剪力墙结构体系研究[D].太原:太原理工大学,2008.

[40] 刘元珍,李珠,杨卓强.玻化微珠保温墙模复合剪力墙承载力研究[J].工程力学,2008,25(S1):141-147.

[41] Tatsa E Z, Levy M. Strength and stability of sandwich walls[C]//Proceedings of the institution of civil engineers Part 2: Research and theory. 1975,59:449-467.

[42] Hassan T K, Rizkalla S H. Analysis and design guidelines of precast prestressed concrete, composite load-bearing sandwich wall panels reinforced with CFRP grid[J]. Pci Journal, 2010,62(3):147-162.

[43] 陈国新,黄炜,姚谦峰,等.基于统一强度理论的生态复合墙体等效斜压杆宽度计算[J].工程力学,2010,27(2):90-95.

[44] 陆海燕.LC复合墙结构设计理论与计算机软件研制[D].西安:西安建筑科技大学,2003.

[45] Sharaf T, Shawkat W, Fam A. Structural performance of sandwich wall panels with different foam core densities in one-way bending[J]. Journal of Composite Materials, 2010, 44 (42):2249-2263.

[46] Bezazi A, Mahi A E, Berthelot J M, et al. Experimental analysis of behavior and damage of sandwich composite materials in three-point bending Part 2: Fatigue test results and damage mechanisms[J]. Strength of Materials, 2009, 41(3):257-267.

[47] Rafiei S, Hossain K M A, Lachemi M, et al. Profiled sandwich composite wall with high performance concrete subjected to monotonic shear[J]. Journal of Constructional Steel Research, 2015, 107:124-136.

[48] Gara F, Ragni L, Roia D, et al. Experimental tests and numerical modelling of wall sandwich panels[J]. Engineering Structures, 2012, 37(4):193-204.

[49] Frankl B A, Lucier G W, Hassan T K, et al. Behavior of precast, prestressed concrete sandwich wall panels reinforced with CFRP shear grid[J]. Pci Journal, 2011, 56(2):42-54.

[50] Xiao J, Jie P, Hu Y. Experimental study on the seismic performance of new sandwich masonry walls[J]. Earthquake Engineering and Engineering Vibration, 2013, 12(1):77-86.

[51] 张延年,李恒,刘明,等. 现场发泡夹芯墙平面内变形性能研究[J]. 工程力学, 2011, 28(6): 141-148.

[52] Asan H. Investigation of wall's optimum insulation position from maximum time lag and minimum decrement factor point of view[J]. Energy and Buildings, 2000, 32(2):197-203.

[53] Lindberg R, Binamu A, Teikari M. Five-year data of measured weather, energy consumption, and time-dependent temperature variations within different exterior wall structures [J]. Energy and Buildings, 2004, 36(6):495-501.

[54] 高原,张君. 加气混凝土自保温与聚苯板外保温墙体保温隔热性能对比[J]. 新型建筑材料, 2010, 37(6):48-52.

[55] 王厚华,庄燕燕,吴伟伟,等. 几种复合墙体构造的热工性能数值分析[J]. 重庆大学学报, 2010, 33(5):126-132.

[56] 曾理,孙林柱. 复合陶粒混凝土砌块自保温墙体的热工性能分析[J]. 湖南工业大学学报, 2011, 25(6):61-65.

[57] Lee C, Lee S, Kim H, et al. Experimental observations on reinforced concrete bearing walls subjected to all-sided fire exposure[J]. Magazine of Concrete Research, 2013, 65(2): 82-92.

[58] Lee S, Lee C. Fire resistance of reinforced concrete bearing walls subjected to all-sided fire exposure[J]. Materials and Structures, 2012, 46(6):943-957.

[59] Kolarkar P, Mahendran M. Experimental studies of non-load bearing steel wall systems under fire conditions[J]. Fire Safety Journal, 2012, 53(10):85-104.

[60] 叶继红,陈伟,尹亮.C形冷弯薄壁型钢承重组合墙体足尺耐火试验研究[J].土木工程学报,2013(8):1-10.

[61] 叶继红,陈伟,彭贝,等.冷弯薄壁C型钢承重组合墙耐火性能简化理论模型研究[J].建筑结构学报,2015,36(8):123-132.

[62] 姜晓波.新型墙体材料的发展现状及展望[J].天津职业院校联合学报,2013,15(4):108-110.

[63] 吕玉香.新型墙体材料应用分析与对策[D].济南:山东大学,2006.

[64] 姜志威,王江波.新型墙体材料应用现状分析[J].科技资讯,2009,(26):88.

[65] 代德伟,刘京丽,王钰.国内外加气混凝土产业现状及发展趋势[J].混凝土世界,2013,(46):30-33.

[66] 张岚.浅谈新型墙体材料的选用[J].浙江建筑,2004,21(6):43-44.

[67] 齐子刚,姜勇.我国加气混凝土行业现状及发展趋势[J].墙材革新与建筑节能,2008,(1):32-34.

[68] 娄广辉,徐亚中,张凤芝,等.石膏砌块的发展现状及研究进展[J].砖瓦世界,2009,(12):33-35.

[69] 薛滔菁.我国石膏建筑材料工业现状及发展[J].新型建筑材料,1998,(5):16-18.

[70] Narayanan N, Ramamurthy K. Microstructural investigations on aerated concrete[J]. Cement and Concrete Research,2000,30(3):457-464.

[71] Kearsley E P, Wainwright P J. The effect of high fly ash content on the compressive strength of foamed concrete[J]. Cement and Concrete Research,2001,31(1):105-112.

[72] Alfawakhiri F, Sultan M A, Mackinnon D H. Fire resistance of loadbearing steel-stud wall protected with gypsum board: A review[J]. Fire Technology,1999,35(4):308-335.

[73] Manzello S L, Gann R G, Kukuck S R, et al. Performance of a non-load-bearing steel stud gypsum board wall assembly: Experiments and modelling[J]. Fire and Materials,2007,31(5):297-310.

[74] Chi J H, Tang J R, Go C G, et al. Research on seismic resistance and mechanic behavior of reinforced lightweight aggregate concrete walls after high temperature[J]. Fire and Materials,2014,38(8):789-805.

[75] 王英,陈睿,闫凯,等.新型稻壳砂浆轻质节能复合墙板[J].哈尔滨工业大学学报,2012,44(10):13-17.

[76] 陈睿.稻壳砂浆轻质节能复合墙板的研究及应用[D].哈尔滨:哈尔滨工业大学,2010.

[77] 赵琦.稻壳砂浆复合墙板静力试验研究及有限元模拟分析[D].哈尔滨:哈尔滨工业大学,2013.

[78] 代学灵,赵华玮,李珠,等.玻化微珠在自保温墙体中的应用研究[J].工程力学,2010,27(S1):172-176.

[79] 于敬海. 新型轻质加气混凝土承重砌体抗震性能的研究[D]. 天津：天津大学,2008.

[80] 李敬明. 蒸压加气混凝土砌块承重墙体抗震性能的试验研究[D]. 天津：天津大学,2005.

[81] 刘雪梅. 蒸压加气混凝土承重砌体力学性能试验研究[D]. 天津：天津大学,2005.

[82] Hegger J, Will N, Bruckermann O, et al. Load-bearing behaviour and simulation of textile reinforced concrete[J]. Materials and Structures,2006,39(8):765-776.

[83] Xu S, Kruger M, Reinhardt H, et al. Bond characteristics of carbon, alkali resistant glass, and aramid textiles in mortar[J]. Journal of Materials in Civil Engineering,2004,16(4):356-364.

[84] Hegger J, Will N, Rüberg K. Textile reinforced concrete：A new composite material[C]// Grosse Cu. Advanced in Construction Materials 2007. Berlin, Germany：Springer Berlin Heidelberg,2007:147-155.

[85] Hegger J, Voss S. Investigations on the bearing behaviour and application potential of textile reinforced concrete[J]. Engineering Structures,2008,30(7):2050-2056.

[86] Hegger J, Horstmann, M. Light-weight TRC sandwich building envelopes[C]//Proceedings of the International Conference-Excellence in Concrete Construction through Innovation. London, UK,2008:187-194.

[87] Brameshuber W. Textile Reinforced Concrete, State-of-the-Art Report of RILEM Technical Committee 201-TRC[R]. Bagneux, France：RILEM Pubication,2006.

[88] Swamy R N, Hussin M W. Woven polypropylene fabrics-an alternative to asbestos for thin sheet application[C]//Swamy R N, Bar B. Fire Reinforced Cement and Concrete, Recent Developments. Elsevier Applied Science,1989:90-100.

[89] Swamy R N, Hussin M W. Continuous woven polypropylene mat reinforced cement composites for applications in building construction[C]//Hamelin P, Verchery G. Textile Composites in Building Construction, Part 1,1990:57-67.

[90] Peled A, Bentur A, Yankelevsky D. Woven fabric reinforcement of cement matrix[J]. Advanced Cement Based Materials,1994,1(5):216-223.

[91] Jesse F, Curbach M. The present and the future of textile reinforced concrete[C]//Burgoyne C J. Fifth international conference on Fiber-Reinforced Plastics for Reinforced Concrete Structures. London：Thomas Telford,2001:593-605.

[92] Daniel J, Shah S P. Thin-section Fiber Reinforced Concrete and Ferrocement[R]. ACI SP-124, Detroit, USA,1990.

[93] 艾珊霞,尹世平,徐世烺. 纤维编织网增强混凝土的研究进展及应用[J]. 土木工程学报,2015,48(1):27-40.

[94] 尹世平. TRC 基本力学性能及其增强钢筋混凝土梁受弯性能研究[D]. 大连：大连理工大学,2010.

[95] RILEM. Technical Committee 201-TRC[EB/OL]. http://rilem. net/technicalCommittees. psp.

[96] Brockmann T. Mechnical and fracture mechanical properties of fine grained concrete for textile reinforced composites[D]. Aachen, German: Institute of Building Materials Research (IBAC), RWTH Aachen University,2006.

[97] Brameshuber W, Brockmann T, Brameshuber W. Development and optimization of cementitious matrices for textile reinforced elements[C]//Clarke N, Ferry R. Proceeding of the Twelfth International Congress of the International Glassfibre Reinforced Concrete Association. Dublin, Republic of Ireland,2001:237-249.

[98] Banholzer B, Brockmann T, Brameshuber W. Material and bonding characteristics for dimensioning and modelling of textile reinforced concrete (TRC) elements[J]. Materials and Structures,2006,39(8):749-763.

[99] Meyer C, Vilkner G. Glass concrete thin sheets prestressed with aramid fibermesh[C]// Naaman A E, Reinhardt H W. Fourth International Workshop on High Performance Fiber Reinforced Cement Composites (HFRCC4). France: RILEM Publication SARL,2003:517-527.

[100] Reinhardt H W, Krüger M, Grobe C U. Concrete prestressed with textile fabric[J]. Journal of Advanced Concrete Technology,2003,1(3):231-239.

[101] Peled A, Mobasher B. The pultrusion technology for the production of fabric-cement composites[J]. Brittle Matrix Composites,2003:505-514.

[102] Peled A, Mobasher B. Pultruded fabric-cement composites[J]. ACI Materials Journal, 2005,102(1):15-23.

[103] Schleser M, Walklauffer B, Raupach M, et al. Application of polymers totextile-reinforced concrete[J]. Journal of Materials in Civil Engineering,2014,18(5):670-676.

[104] Dilthey U, Schleser M, Möller M, et al. Application of polymers in textile reinforced concrete: From the interface to construction elements[C]//Hegger J, Brameshuber W, Will N. Textile reinforced concrete, Proceeding of the First International RILEM Symposium. France: RILEM Publication SARL,2006:55-64.

[105] Brameshuber W, Broekmann T. Calcium aluminate cement as binder for textile reinforced concrete[C]//Proceedings of the International Conference on Calcium Aluminate Cements (CAC). London: IOM Communications,2001:659-666.

[106] Orlowsky J, Raupach M, Cuypers H, et al. Durability modelling of glass fibre reinforcement in cementitious environment[J]. Materials and Structures,2005,38(38):155-162.

[107] Brameshuber W, Brockmann T, Banholzer B. Textile reinforced ultra high performance concrete[C]//Schmidt M, Fehling E. Ultra High Performance Concrete, Research, Development and Application in Europe. Kassel, Germany: Kasseler University Press,2004:

511-522.

[108] Hinzen M，Brameshuber W. Improvement of serviceability and strength of textile-reinforced concrete elements with short fiber mixes[C]//Aldea C M. Design and Applications of Textile-reingorced Concrete，SP-251. Farmington Hills：American Concrete Institute，2008：7-18.

[109] Escrig C，Gil L，Bernat-Maso E，et al. Experimental and analytical study of reinforced concrete beams shear strengthened with different types of textile-reinforced mortar[J]. Construction and Building Materials，2015，83：248-260.

[110] 徐世烺,李赫.用于纤维编织网增强混凝土的自密实混凝土[J].建筑材料学报,2006,9(4):481-483.

[111] 尹世平,徐世烺.高性能精细混凝土单轴受压性能试验研究[J].大连理工大学学报,2009,49(6):919-925.

[112] 李赫,徐世烺.纤维编织网增强混凝土(TRC)的基体开发和优化[J].水力发电学报,2006,25(3):72-76.

[113] 李庆华,徐世烺,李赫.提高纤维编织网与砂浆黏结性能的实用方法[J].大连理工大学学报,2008,48(5):685-690.

[114] 徐世烺,李庆华,李贺东.碳纤维编织网增强超高韧性水泥基复合材料弯曲性能的试验研究[J].土木工程学报,2007,40(12):69-76.

[115] 李大为.玻璃纤维编织网与超高韧性水泥基复合材料黏结性能的研究[D].大连:大连理工大学,2007.

[116] 王冰.超高韧性水泥基复合材料与混凝土的界面黏结性能及其在抗弯补强中的应用[D].大连:大连理工大学,2011.

[117] 戴清如,沈玲华,徐世烺,等.纤维编织网增强混凝土基本力学性能试验研究[J].水利学报,2012,43(S1):59-69.

[118] Reinhardt H W，Krüger M，Grobe C U. Concrete prestressed with textile fabric[J]. Journal of Advanced Concrete Technology,2003,1(3):231-239.

[119] Roye A，Gries T，Engler T. Possibilities of textile manufacturing for load-adapted concrete reinforcements［C］//Duber A. Textile-reinforced Concrete，SP-250. Farmington Hills：American Concrete Institute,2008:23-34.

[120] Hanisch V. Influence of machine settings on mechanical performance of yarn and textile structures[C]//Hegger J，Brameshuber W，Will N. Textile Reinforced Concrete，Proceeding of the First International RILEM Symposium. France：RILEM Publication SAIL，2006:13-22.

[121] 陶肖明,冼杏娟,高冠勋.纺织结构复合材料[M].北京:科学出版社,2001.

[122] Peled A，Bentur A. Geometrical characteristics and efficiency of textile fabrics for reinfor-

cing cement composites[J]. Cement and Concrete Research,2000,30(5):781-790.

[123] 于光军. 玻璃纤维经编针织物增强复合材料的力学性能研究[D]. 上海：东华大学,2007.

[124] Peled A，Sueki S，Mobasher B. Bonding in fabric-cement systems：Effects of fabrication methods[J]. Cement and Concrete Research,2006,36(9):1661-1671.

[125] Peled A，Bentur A. Fabric structure and its reinforcing efficiency in textile reinforced cement composites[J]. Composites Part A Applied Science and Manufacturing,2003,34(2): 107-118.

[126] Peled A，Bentur A，Yankelevsky D Z. Effects of woven fabric geometry on the bonding performance of cementitious composites：Mechanical performance[J]. Advanced Cement Based Materials,1998,7(1):20-27.

[127] Bentur A，Peled A，Yankelevsky D Z. Enhanced bonding of low modulus polymer fibers-cement matrixby means of crimped geometry[J]. Cement and Concrete Research,1997,27 (7):1099-1111.

[128] Peled A，Bentur A，Yankelevsky D Z. The nature of bonding between monofilament polyethylene yarns and cement matrices[J]. Cement and Concrete Composites,1998,20(4): 319-327.

[129] Peled A，Mobasher B，Cohen Z. Mechanical properties of hybrid fabrics in pultruded cement composites[J]. Cement and Concrete Composites,2009,31(9):647-657.

[130] Peled A，Mobasher B. Pultruded fabric-cement composites[J]. Aci Materials Journal, 2005,102(1):15-23.

[131] Krüger M. Vorgespannter textibewehrter beton（pretressed textile reinforced concrete） [D]. PhD thesis. Germany：University of Stuttgart,2004.

[132] Keil A，Raupach M. Improvement of the load-bearing capacity of textile reinforced concrete by use of polymers[C]//Yeon K S. Proceeding of Twelfth International Congress on Polymers in Concrete（ICPIC'07）. Chuncheon：Kangwon National University,2007,2: 873-881.

[133] Li Q，Xu S. Experimental research on mechanical performance of hybrid fiber reinforced cementitious composites with polyvinyl alcohol short fiber and carbon textile[J]. Journal of Composite Materials,2011,45(45):5-28.

[134] 李赫,徐世烺. 纤维编织网增强混凝土薄板力学性能的研究[J]. 建筑结构学报,2007,28 (4):117-122.

[135] 徐世烺,李赫. 碳纤维编织网和高性能细粒混凝土的黏结性能[J]. 建筑材料学报,2006,9 (2):211-215.

[136] 尹世平,徐世烺,王菲. 纤维编织网在细粒混凝土中的黏结和搭接性能[J]. 建筑材料学报, 2012,15(1):34-41.

[137] 尹世平,徐世烺.提高纤维编织网保护层混凝土抗剥离能力的有效方法[J].建筑材料学报,2010,13(4):468-473.

[138] 荀勇,孙伟,Reinhardt H W,等.碳纤维织物增强混凝土薄板的界面黏结性能试验[J].东南大学学报:自然科学版,2005,35(4):593-597.

[139] 潘永灿,荀勇.纤维织物与混凝土基体界面黏结性能试验研究[J].四川建筑科学研究,2008,34(1):130-132.

[140] 杨凤玲,李玉寿,荀勇.预应力织物增强混凝土薄板的研究[J].四川建筑科学研究,2012,38(3):89-92.

[141] 俞巧珍,熊杰.织物密度对水泥复合材料界面黏结的影响[J].纺织学报,2005,26(1):17-19.

[142] 俞巧珍,熊杰.尼龙束捻度对水泥砂浆界面黏结的影响[J].建筑材料学报,2003,6(4):421-425.

[143] Jesse F，Will N，Curbach M，et al. Loading-bearing behavior of textile-reinforced concrete[C]//Dubey A. Textile-reinforced Concrete，SP-250. Farmington Hills：American Concrete Insititute,2008:59-68.

[144] Häußler-Combe U，Hartig J. Bond and failure mechanisms of textile reinforced concrete(TRC) under uniaxial tensile loading[J]. Cement and Concrete Composites,2007,29(4):279-289.

[145] Hartig J，Häußler-Combe U，Kai S. Influence of bond properties on the tensile behaviour of textile reinforced concrete[J]. Cement and Concrete Composites,2008,30(10):898-906.

[146] Barhum R，Mechtcherine V. Effect of short，dispersed glass and carbon fibres on the behaviour of textile-reinforced concrete under tensile loading[J]. Engineering Fracture Mechanics,2012,92(92):56-71.

[147] Colombo I，Colombo M，Magri A，et al. Tensile behavior of textile：Influence of multilayer reinforcement[J]. Rilem Bookseries,2011,2(8):463-470.

[148] Silva F D A，Butler M，Mechtcherine V，et al. Strain rate effect on the tensile behaviour of textile-reinforced concrete under static and dynamic loading[J]. Materials Science and Engineering：A,2011,528(3):1727-1734.

[149] Barhum R，Mechtcherine V. Influence of short dispersed and short integral glass fibres on the mechanical behaviour oftextile-reinforced concrete[J]. Materials and Structures,2012,46(4):557-572.

[150] Hartig J，Jesse F，Schicktanz K，et al. Influence of experimental setups on the apparent uniaxial tensile load-bearing capacity of textile reinforced concrete specimens[J]. Materials and Structures,2011,45(3):433-446.

[151] Contamine R，Larbi A S，Hamelin P. Contribution to direct tensile testing of textile rein-

forced concrete（TRC）composites[J]. Materials Science and Engineering：A，2011，528（29-30）：8589-8598.

[152] Holler S，Butenweg C，Noh S Y，et al. Computational model of textile-reinforced concrete structures[J]. Computers and Structures，2004，82(23-26)：1971-1979.

[153] Yin S，Xu S，Li H. Improved mechanical properties of textile reinforced concrete thin plate[J]. Journal of Wuhan University of Technology（Materials Science Edition），2013，28（1）：92-98.

[154] 李赫. 纤维编织网增强混凝土力学性能的实验研究及理论分析[D]. 大连：大连理工大学，2006.

[155] Xu S L，Yu W T，Song S D. Numerical simulation and experimental study on electrothermal properties of carbon/glass fiber hybrid textile reinforced concrete[J]. Science China Technological Sciences，2011，54(9)：2421-2428.

[156] 徐世烺，尉文婷，宋世德. 碳/玻璃纤维混合编织网增强混凝土电热性能的数值模拟与试验研究[J]. 中国科学：技术科学，2011，41(9)：1271-1278.

[157] 尉文婷. 纤维编织网增强混凝土电热性能及其应用研究[D]. 大连：大连理工大学，2010.

[158] Tsesarsky M，Peled A，Katz A，et al. Strengthening concrete elements by confinement within textile reinforced concrete（TRC）shells-static and impact properties[J]. Construction and Building Materials，2013，44(44)：514-523.

[159] Dey V，Zani G，Colombo M，et al. Flexural impact response of textile-reinforced aerated concrete sandwich panels[J]. Materials and Design，2015，86：187-197.

[160] Mechtcherine V，Lieboldt M. Permeation of water and gases through cracked textile reinforced concrete[J]. Cement and Concrete Composites，2011，33(7)：725-734.

[161] Lieboldt M，Mechtcherine V. Capillary transport of water through textile-reinforced concrete applied in repairing and/or strengthening cracked RC structures[J]. Cement and Concrete Research，2013，52：53-62.

[162] Mott R，Brameshuber W. Subsequently Applied waterproof basements made of textile reinforced concrete using the spraying method[C]//Design and Applications of Textile-reingorced Concrete，SP-251. Farmington Hills：American Concrete Institute，2008：59-72.

[163] Butler M，Mechtcherine V，Hempel S. Durability of textile reinforced concrete made with AR glass fibre：Effect of the matrix composition[J]. Materials and Structures，2010，43（43）：1351-1368.

[164] Cuypers H，Orlowsky J，Raupach M，et al. Durability aspects of AR-glass-reinforcement in textile reinforced concrete，Part 1：Material behaviour[C]//Advanced in Construction Mterials 2007. Germany：Springer Berlin Heidelberg，2007：381-388.

[165] Orlowsky J，Raupach M. Modelling the loss in strength of AR-glass fibres in textilerein-

forced concrete[J]. Materials and Structures (RILEM),2006,39(6):635-643.

[166] Raupach M, Orlowsky J, Buttner T, et al. Epoxy-impregnated textiles in concrete-load bearing capacity and durability[C]//Proceedings of the First International RILEM Symposium. France: RILEM Publication SARL,2006:77-88.

[167] 田稳苓,孙雪峰. 纤维编织网增强混凝土耐久性机理和测试方法[J]. 华北水利水电学院学报,2012,33(6):89-92.

[168] 田稳苓,王浩宇,孙雪峰. 玻璃纤维编织网增强混凝土耐久性试验研究[J]. 混凝土,2015(7):84-88.

[169] 杜玉兵,荀勇,刘小艳. 碳纤维织物增强混凝土薄板抗海水侵蚀性能研究[J]. 混凝土,2008(9):53-57.

[170] 艾珊霞. 常规、氯盐干湿循环环境下 TRC 加固混凝土柱轴心受压性能研究[D]. 徐州:中国矿业大学,2015.

[171] Ortlepp R, Hampel U, Curbach M. A new approach for evaluating bond capacity of TRC strengthening[J]. Cement and Concrete Composites,2006,28(7):589-597.

[172] Brückner A, Ortlepp R, Curbach M. Textile reinforced concrete for strengthening in bending and shear[J]. Materials and Structures,2006,39(8):741-748.

[173] Schladitz F, Frenzel M, Ehlig D, et al. Bending load capacity of reinforced concrete slabs strengthened with textile reinforced concrete[J]. Engineering Structures,2012,40:317-326.

[174] Graf W, Hoffmann A, Möller B, et al. Analysis of textile-reinforced concrete structures under consideration of non-traditional uncertainty models[J]. Engineering Structures,2007,29(12):3420-3431.

[175] Sickert J U, Pannier W G S. Numerical design approaches of textile reinforced concrete strengthening under consideration of imprecise probability[J]. Structure and Infrastructure Engineering,2011,7(1):163-176.

[176] 徐世烺,尹世平,蔡新华. 纤维编织网增强混凝土加固钢筋混凝土梁受弯性能研究[J]. 土木工程学报,2011,44(4):23-34.

[177] 徐世烺,尹世平. 纤维编织网增强细粒混凝土加固 RC 受弯构件的正截面承载性能研究[J]. 土木工程学报,2012,45(1):1-7.

[178] 徐世烺,尹世平,蔡新华. 纤维编织网增强混凝土加固钢筋混凝土受弯梁的抗裂性能研究[J]. 水利学报,2010,41(7):833-840.

[179] 尹世平,盛杰,吕恒林,等. TRC 加固 RC 梁在静载下的受弯性能[J]. 中国公路学报,2015,28(1):45-53.

[180] Yin S, Xu S, Lv H. Flexural behavior of reinforced concrete beams with TRC tension zone cover[J]. Journal of Materials in Civil Engineering,2014(2):320-330.

[181] 张勤.织物增强混凝土(TRC)加固 RC 梁正截面抗弯性能试验研究[D].镇江:江苏大学,
2009.

[182] 荀勇,尹红宇,肖保辉.织物增强混凝土加固 RC 梁的斜截面抗剪承载力试验研究[J].土
木工程学报,2012(5):58-64.

[183] 阎轶群.纤维编织网增强混凝土加固 RC 梁受剪性能研究[D].大连:大连理工大学,2011.

[184] 尹世平,盛杰,贾申.纤维束编织网增强混凝土加固钢筋混凝土梁疲劳破坏试验研究[J].
建筑结构学报,2015,36(4):86-92.

[185] 尹世平,盛杰,贾申,等.TRC 加固 RC 梁的弯曲疲劳破坏过程和应变发展的试验研究[J].
工程力学,2015,32(S1):142-148.

[186] 尹世平,盛杰,徐世烺.疲劳荷载下纤维编织网增强混凝土加固 RC 梁的弯曲性能[J].水
利学报,2014,45(12):1481-1486.

[187] 尹红宇,吉晨彬,荀勇,等.智能 TRC 板加固 RC 梁力电性能试验研究[J].土木工程学报,
2015,48(S1):67-73.

[188] Peled A. Confinement of damaged and nondamaged structural concrete with FRP and TRC
sleeves[J]. Journal of Composites for Construction,2007,11(5):514-522.

[189] Papanicolaou C G, Triantafillou T C. Concrete confinement withtextile-reinforced mortar
jackets[J]. ACI Structural Journal,2006,103(1):28-37.

[190] 薛亚东,刘德军,黄宏伟,等.纤维编织网增强混凝土侧面加固偏压短柱试验研究[J].工程
力学,2014,31(3):228-236.

[191] 刘德军,岳清瑞,黄宏伟,等.TRC 加固水工偏心受压结构的抗裂性能初探[J].水利学报,
2016,47(1):101-109.

[192] 刘德军,黄宏伟,薛亚东,等.纤维编织网增强混凝土补强隧道衬砌力学性能研究[J].工程
力学,2014,31(7):91-98.

[193] Bournas D A, Triantafillou T C, Zygouris K, et al. Textile-reinforced mortar versus FRP
jacketing in seismic retrofitting of RC columns with continuous or lap-spliced deformed
bars[J]. Journal of Composites for Construction,2009,13(5):360-371.

[194] Bournas D A, Triantafillou T C, Papanicolaou C G. Retrofit of seismically deficient RC
columns with textile-reinforced mortar (TRM) jackets[C]//Fourth Colloquium on Textile
Reinforced Structures (CTRS4). Dresden, Germany,2011:471-491.

[195] Schladitz F, Curbach M. Torsion tests ontextile-reinforced concrete strengthened speci-
mens[J]. Materials and Structures,2011,45(1-2):31-40.

[196] Alsalloum Y A, Siddiqui N A, Elsanadedy H M, et al. Textile-reinforced mortar versus
FRP as strengthening material for seismically deficient RC beam-column joints[J]. Journal
of Composites for Construction,2011,15(6):920-933.

[197] Papanicolaou C G, Triantafillou T C, Papathanasiou M, et al. Textile reinforced mortar

(TRM) versus FRP as strengthening material of URM walls: Out-of-plane cyclic loading [J]. Materials and Structures,2008,41(1):143-157.

[198] Papanicolaou C G. Seismic retrofitting of unreinforced masonry structures with TRM [C]//First International Conference Textile Reinforced Concrete (IC-TRC). Germany: RWTH Aachen University,2006:341-350.

[199] Papanicolaou C, Triantafillou T, Lekka M. Externally bonded grids as strengthening and seismic retrofitting materials of masonry panels[J]. Construction and Building Materials, 2011,25(2):504-514.

[200] Prota A, Marcari G, Fabbrocino G, et al. Experimental in-plane behavior of tuff masonry strengthened with cementitious matrix-grid composites[J]. Journal of Composites for Construction,2006,10(3):223-233.

[201] Stamm K, Witte H. Sandwichkonstruktionen: Berechnung, Fertigung, Ausführung[M]. New York: Springer-Verlag,1974.

[202] Hegger J, Horstmann M, Scholzen A. Sandwich panels with thin-walled textile-reinforced concrete facings[C]//Design and Applications of Textile-Reingorced Concrete, SP-251. Farmington Hills: American Concrete Institute,2008:99-115.

[203] Seeber K, et al. State-of-the-Art of Prescast/prestessed Sandwich Wall Panels[R]. PCI Committee Report, PCI Journal,1997:93-194.

[204] Cuypers H, Wastiels J. Analysis and verification of the performance of sandwich panels with textile reinforced concrete faces[J]. Journal of Sandwich Structures and Materials, 2011,6(13):589-603.

[205] Hegger J, Kulas C, Horstmann M. Spatial textile reinforcement structures for ventilated and sandwich facade elements[J]. Advances in Structural Engineering,2012,15(4):665-676.

[206] Shams A, Horstmann M, Hegger J. Experimental investigations on textile-reinforced concrete (TRC) sandwich sections[J]. Composite Structures,2014,118:643-653.

[207] 戴清如. TRC 轻质薄壁外挂墙板的开发研究[D]. 大连:大连理工大学,2012.

[208] Engberts E. Large-size facade Elements of textile reinforced concrete[C]//Hegger J, Brameshuber W, Will N. Textilereinforced Concrete, Proceedings of the First International RILEM Conference on Symposium. Fance: RILEM Publication SARL,2006:309-318.

[209] Hegger J, Schneider H N, Voss S, et al. Textile reinforced concrete for light structures [C]//Aldea C M. Design and Applications of Textile-reinforced Concrete, SP-251. Farmington Hills: American Concrete Institute,2008:97-108.

[210] Hegger J, Schneider H N, Voss S, et al. Dimensioning and application oftextile-reinforced concrete[C]//Dubey A. Textile-reinforced Concrete, SP-250. Farmington Hills: Ameri-

can Concrete Institute,2008:69-84.

[211] Hegger J, Schneider H N, Scherif A, et al. Exterior cladding panels as an applications of textile reinforced concrete[C]//Thin Reinforced Cement Based Products and Construction Systems, SP-224. Farmington Hills: American Concrete Institute,2005:55-70.

[212] Schneider H N, Bergmann I. The application potential of textile-reinforced[C]//Dubey A. Textile-reinforced Concrete, SP-250. Farmington Hills: American Concrete Institute, 2008:7-22.

[213] Scholzen A, Chudoba R, Hegger J. Thin-walled shell structures made of textile-reinforced concrete Part Ⅰ: Structural design and construction[J]. Structural Concrete,2015,16(1): 106-114.

[214] Brameschuber W, Koster M, Hegger J, et al. Intergrated formwork elements made of textile-reinforced concrete[C]//Textile-reinforced Concrete. Farmington Hills: American concrete Institute,2008:35-48.

[215] Weiland S, Ortlepp R, Hauptenbuchner B, et al. Textil-reinforced concrete for flexural strengthening of RC-structures-part 2: Application on concrete shell[C]//Design and Applications of Textile-reinforced Concrete. Farmington Hills: American Concrete Institute, 2008:41-58.

[216] Koeckritz U, Cherif C, Weiland S, et al. In-situ polymer coating of open grid warp knitted fabrics fortextile reinforced concrete application[J]. Journal of Industrial Textiles,2010,40 (40):157-169.

[217] Erhard E, Weiland S, Lorenz E, et al. Applications of textile reinforced concrete strengthening restoration and strengthening of built constructions with textile reinforced concrete[J]. Beton-und Stahlbetonbau,2015,110(S1):74-82.

[218] Pellegrino C, D'Antino T. Experimental behaviour of existing precast prestressed reinforced concrete elements strengthened with cementitious composites[J]. Composites Part B: Engineering,2013,55(9):31-40.

[219] 蒋玉川,霍达,滕海文,等.页岩陶粒混凝土高温性能特征研究[J].建筑材料学报,2013,16 (5):888-893.

[220] Cheng F P, Kodur V K R, Wang T C. Stress-strain curves for high strength concrete at elevated temperatures[J]. Journal of Materials in Civil Engineering, ASCE,2012,16(1): 84-90.

[221] 金鑫,杜红秀.细骨料种类对高温后高性能混凝土力学性能的影响[J].三峡大学学报:自然科学版,2015,37(2):47-50.

[222] 周立欣,袁广林,贾文亮,等.骨料类型对钢筋混凝土柱高温后力学性能影响研究[J].混凝土,2011(1):49-51.

[223] Nadeem A, Memon S A, Lo T Y. Mechanical performance, durability, qualitative and quantitative analysis of microstructure of fly ash and Metakaolin mortar at elevated temperatures[J]. Construction and Building Materials, 2013, 38: 338-347.

[224] Poon C S, Azhar S, Anson M, et al. Comparison of the strength and durability performance of normal-and high-strength pozzolanic concretes at elevated temperatures[J]. Cement and Concrete Research, 2001, 31(9): 1291-1300.

[225] Poon C S, Azhar S, Anson M, et al. Performance of metakaolin concrete at elevated temperatures[J]. Cement and Concrete Composites, 2003, 25(1): 83-89.

[226] Seleem H E D H, Rashad A M, Elsokary T. Effect of elevated temperature on physico-mechanical properties of blended cement concrete[J]. Construction and Building Materials, 2011, 25(2): 1009-1017.

[227] Ibrahim R K, Hamid R, Taha M R. Fire resistance of high-volume fly ash mortars with nanosilica addition[J]. Construction and Building Materials, 2012, 36(4): 779-786.

[228] 付晔. 纳米水泥基材料耐高温性能研究[D]. 杭州: 浙江大学, 2014.

[229] Morsy M S, Al-Salloum Y A, Abbas H, et al. Behavior of blended cement mortars containing nano-metakaolin at elevated temperatures[J]. Construction and Building Materials, 2012, 35: 900-905.

[230] Farzadnia N, Ali A A A, Demirboga R. Characterization of high strength mortars with nano alumina at elevated temperatures[J]. Cement and Concrete Research, 2013, 54: 43-54.

[231] Yan L, Xing Y M, Li J J. High-temperature mechanical properties and microscopic analysis of hybrid-fibre-reinforced high-performance concrete [J]. Magazine of Concrete Research, 2013, 65(3): 139-147.

[232] Khaliq W, Kodur V. Thermal and mechanical properties of fiber reinforced high performance self-consolidating concrete at elevated temperatures [J]. Cement and Concrete Research, 2011, 41(11): 1112-1122.

[233] Çavdar A. A study on the effects of high temperature on mechanical properties of fiber reinforced cementitious composites[J]. Composites Part B: Engineering, 2012, 43(5): 2452-2463.

[234] Çavdar A. The effects of high temperature on mechanical properties of cementitious composites reinforced with polymeric fibers[J]. Composites Part B: Engineering, 2013, 45(1): 78-88.

[235] Watanabe K, Bangi M R, Horiguchi T. The effect of testing conditions (hot and residual) on fracture toughness of fiber reinforced high-strength concrete subjected to high temperatures[J]. Cement and Concrete Research, 2013, 51(9): 6-13.

[236] 李海艳, 郑文忠, 罗百福. 高温后 RPC 立方体抗压强度退化规律研究[J]. 哈尔滨工业大学

学报,2012,44(4):17-22.

[237] 蒋玉川.普通强度高性能混凝土的高温性能特征[D].北京:北京交通大学,2007.

[238] Bingöl A F, Gül R. Effect of elevated temperatures and cooling regimes on normal strength concrete[J]. Fire and Materials,2009,33(2):79-88.

[239] Reinhardt H W, Krüger M, Raupach M. Behavior of textile-reinforced concrete in fire [C]//Dubey A. Textile-reinforced Concrete, SP-250. Farmington Hills: American Concrete Institute,2008:99-109.

[240] Krüger M, Reinhardt H W. Fire resistance[C]//Brameshuber W. Textile Reinforced Concrete. State-of-the-art Report of RILEM Technical Committee 201-TRC. Bagneux: RILEM Publications,2006:211-219.

[241] Blom J, Van Ackeren J, Wastiels J. Study on the bending behavior of textile reinforced cementitious when exposed to high temperatures[C]//Second International RILEM Conference on Strain Hardening Cementitious Composites. Brazil: Rio de Janeiro,2011:233-240.

[242] Ehlig D, Jesse F, Curbach M. High temperature tests on textile reinforced concrete (TRC) Strain Specimens[C]//International RILEM Conference on Material Science-seconnd ICTRC-Textile Reinforced Concrete. Germany: Aachen,2010:141-151.

[243] Silva F D A, Butler M, Hempel S, et al. Effects of elevated temperatures on the interface properties of carbontextile-reinforced concrete[J]. Cement and Concrete Composites,2014, 48(4):26-34.

[244] Rambo D A S, Silva F D A, Filho R D T, et al. Effect of elevated temperatures on the mechanical behavior of basalt textile reinforced refractory concrete [J]. Materials and Design,2015,65:24-33.

[245] Xu S L, Shen L H, Wang J Y, et al. High temperature mechanical performance and micro interfacial adhesive failure of textile reinforced concrete thin-plate[J]. Journal of Zhejiang University: Science A,2014,15(1):31-38.

[246] Liu S, Rawat P, Chen Z, S, et al. Zhu, Pullout behaviors of single yarn and textile in cement matrix at elevated temperatures with varying loading speeds[J]. Composites Part B: Engineering,2020,199:108251.

[247] 中华人民共和国住房和城乡建设部. GB 50016—2014 建筑设计防火规范(2018 年版)[S]. 北京:中国计划出版社,2018.

第2章 精细混凝土高温后力学性能

2.1 概　述

在高温诱发的物理和化学反应下,混凝土结构材料的微观结构和水化物成分都将发生变化,导致承载力下降,甚至坍塌。近年来,混凝土结构的高温损伤和劣化已成为国内外理论和工程界研究的热点和难点。

目前,国内外关于混凝土耐高温研究的报道较多,但研究对象大多针对普通混凝土、高强混凝土、活性粉末混凝土或纤维混凝土等。精细混凝土是为 TRC 的基体材料专门配制的一种高强混凝土,其原始配比来源于文献[1],该种自密实混凝土的最大骨料粒径不超过 1.2mm,具有高流动性、不离析、高强等特点。目前,国内外关于精细混凝土耐高温性能的研究报道较少。作为一种特殊配比的混凝土材料,在普通混凝土的耐高温性能仅具有参考意义的前提下,研究该类混凝土的耐高温性能十分有必要。

为此,本章测定了本书采用的精细混凝土高温后的残余力学性能,并从以下两方面完善精细混凝土常温及高温后的力学性能:①通过对比不同胶凝材料的精细混凝土高温后的力学性能,分析胶凝材料对精细混凝土耐高温性能的影响;②通过外掺不同种类和掺量的短切纤维,研究高强混凝土在持续高温作用后力学性能的变化规律。本章为改善用于 TRC 结构的基体材料的耐高温性能做了探索,得到的结论可为 TRC 结构在实际工程中的防火设计提供一定的依据。

2.2　试验概况

2.2.1　精细混凝土

试验原材料包括硅酸盐水泥(PⅡ52.5R)、高铝水泥(CA-50)、偏高岭土、粉煤灰、硅灰、减水剂(Sika 三代)、砂、短切纤维等。试验采用的精细混凝土的配比主要分为两种系列。JN 系列:旨在研究不同胶凝材料对精细混凝土高温后性能的影响,组分见表 2.1,两种水泥主要化学成分见表 2.2。XW 系列:主要用于探讨外掺短切纤维对精细混凝土高温后强度的影响,组分及比例见表 2.3,配比中除纤维体积掺量和减水剂含量不同外,其余组分的含量均相同。为方便起见,下面均以 JN 系列、XW 系列表示两种类型的配比。

表 2.1　不同胶凝材料的精细混凝土组分　　　　（单位:kg・m⁻³）

试块编号	水泥	粉煤灰	偏高岭土	硅灰	水	减水剂	细砂(0~1.2mm)
P	472	168	0	35	262	4.0	1380
CA	692	0	0	0	205	3.8	1380
CA-FS1	472	168	0	35	200	3.8	1380
CA-FS2	472	168	0	35	220	3.8	1380
CA-MK	378	168	95	35	262	3.8	1380
CA-F	553	139	0	0	200	3.8	1380

注:P 表示试件采用硅酸盐水泥 P II 52.5R;CA 表示试件采用高铝水泥 CA-50;F,S,MK 分别代表粉煤灰、硅灰和偏高岭土。

表 2.2　两种水泥的化学组成　　　　（单位:%）

水泥种类	CaO	Al_2O_3	SiO_2	Fe_2O_3
硅酸盐水泥 P II 52.5R	60~67	4~9	20~24	2.5~6.0
高铝水泥 CA-50	29~40	50~60	≤8	≤2.5

表 2.3　外掺短切纤维的精细混凝土组分及比例

试块编号	P II 52.5R 水泥/ (kg・m⁻³)	减水剂/ (kg・m⁻³)	碳纤维/%	钢纤维/%	聚丙烯纤维/%
P	472	4.0	0	0	0
C50	472	6.0	0.5	0	0
C100	472	8.5	1.0	0	0
S50	472	4.5	0	0.5	0
S100	472	5.0	0	1.0	0
S100P50	472	7.0	0	1.0	0.5

注:C 表示外掺短切碳纤维;S 表示外掺短切钢纤维;P 表示外掺短切聚丙烯纤维;数字代表纤维的体积掺量百分数。

JN 系列和 XW 系列中的普通硅酸盐混凝土(P)的配比参考文献[1],为确保骨料级配均匀连续,选择粒径为 0~0.6mm 和 0.6~1.2mm 的两种砂,后者的质量是前者的 2 倍。由于砂几乎不含水,因此不考虑含水率对配比的影响。采用筛分析方法测定砂的粒度成分,筛选结果如图 2.1 所示,细度模数 M_x 为 0.2。短切纤维的形态如图 2.2 所示,其中短切纤维力学及几何特征参数见表 2.4。

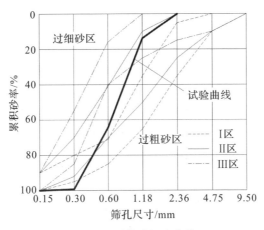

图 2.1　石英砂级配曲线

(a) 聚丙烯纤维

(b) 钢纤维 (13mm)

(c) 碳纤维

图 2.2　短切纤维形态

表 2.4　短切纤维力学及几何特征参数

短切纤维种类	纤维形态	长度/mm	密度/ (g·cm⁻³)	等效直径/μm	抗拉强度/MPa	弹性模量/GPa	极限应变/%
钢纤维	纤维丝	13	7.8	220	2700	206	—
碳纤维	纤维丝	12	1.7	7~8	3600~3800	220~240	1.5
聚丙烯纤维	纤维束	9	0.9	18~48	≥500	≥3.85	10~28

2.2.2 试件制作和加载方式

由于 TRC 基体的特殊性,用于普通混凝土的试验设备和试件尺寸可能不适宜用于研究精细混凝土的力学性能,小尺寸的试件更适宜获得代表薄壁结构单元材料力学行为的力学参数[2],本节按照 GB/T 17671—1999《水泥胶砂强度检验方法(ISO 法)》[3]的要求对精细混凝土力学性能进行测试。

试验中所有试块尺寸均为 40mm×40mm×160mm,每组 2～3 个,成型试件形貌见图 2.3。抗折强度取 2～3 个试块的平均值,试验仪器见图 2.4。测试抗压强度时,根据规范采用棱柱体试块折断后形成的残块,结合加载头形成 40mm×40mm×40mm 的立方体试块[图 2.5(a)],抗压强度取 4～6 个试块的平均值,试验过程中采用等力控制加载,速率为 2.5kN/s,试验仪器见图 2.5(b)。试件制作流程见图 2.6(若浇筑外掺纤维试件,浇筑流程中增加虚线框内步骤),试件浇筑完成24h 后拆模,放入标准砂浆养护箱(温度 20℃±3℃,湿度 90%±5%)养护至龄期为 28d。

图 2.3 成型试件

图 2.4 抗折强度试验机

(a) 加载头

(b) 抗压强度试验机

图 2.5 抗压强度试验装置

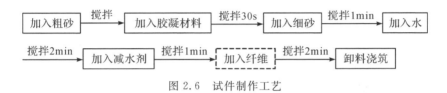

图 2.6 试件制作工艺

2.2.3 温升设备及升温曲线

试验采用的高温力学性能测试方法为无外荷载温升残余性能试验（URT）。与无外荷载温升或恒载温升试验相比，URT 测试结果会受升、降温的双重影响，测试值一般比另两种试验的结果更不利，所得试验结果更保守[4]。

加热前先将试件放入烘箱，35℃恒温烘 3h，保证所有试件在常温中所处条件一致，然后进行高温试验。所有试件在到达升温规定时间后，立即取出静置，待试件自然冷却至室温后再进行力学性能试验。高温试验的升温曲线分为两种，分别针对 JN 系列试件和 XW 系列试件。前者试件在如图 2.7(a)所示的马弗炉中加热至目标温度并恒温 60min，升温速率为 10℃/min，试验升温曲线如图 2.7(b)所示。后者则利用如图 2.8(a)所示的可编程高温试验炉 SXF-12-10 进行高温试验，试验过程中按照国际标准升温曲线进行加热[5]，其升温段的表达式为：

$$T_g - T_g^0 = 345 \lg(8t + 1) \tag{2.1}$$

式中，t 为加热时间，T_g 和 T_g^0 分别为 t 时刻的温度和初始温度。根据 GB 50016—2014《建筑设计防火规范》（2018 年版）[6]，当房间隔墙耐火等级为一级和二级时，其耐火极限分别为 0.75h 和 0.5h。故试验中分别设定升温时间为 0.5h 和 0.75h，国际标准升温曲线和炉内实际升温曲线如图 2.8(b)所示，炉内实际升温曲线与国际标准升温曲线较接近，得到的试验结果较可靠。

(a) 马弗炉

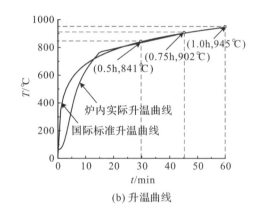

(b) 升温曲线

图 2.7 马弗炉及其中的升温曲线

(a) 可编程高温试验炉SXF-12-10

(b) 升温曲线

图 2.8 可编程高温试验炉及其中的升温曲线

2.3 高温后试块表面特征和质量损失

2.3.1 高温后试块表面特征

JN 系列所有试件经高温处理后均未发生爆裂现象。随着目标温度的升高,试件表面的裂纹逐渐增多,试件内部的水泥浆体、矿物掺合料以及骨料等将发生物理和化学反应。表 2.5 为 JN 系列试件在 800℃高温作用后的表面形态和损伤状况。由表可见,高温后试件完整性保持较好。

表 2.5　800℃高温作用后 JN 系列试件表面特征

试件编号	高温处理后试件表面特征	800℃高温处理后试件形态	试件编号	高温处理后试件表面特征	800℃高温处理后试件形态
P	呈灰白色,表面出现网状龟裂纹,完整性保持较好,无掉皮和缺角现象产生		CA	呈黄白色,表面出现微裂纹,完整性保持较好,无掉皮,但边棱处有缺角前兆	
CA-FS1	呈黄白色,表面出现微裂纹,完整性保持较好,无掉皮,棱角处有轻微缺角现象		CA-FS2	呈黄白色,完整性保持较好,无网状龟裂纹,棱角处有轻微缺角现象	
CA-MK	呈灰白色,表面出现肉眼可见裂纹,无掉皮,有轻微缺角现象,边棱处出现疏松前兆		CA-F	呈黄白色,表面出现肉眼可见裂纹,完整性保持较好,无掉皮和缺角现象产生	

高温后普通硅酸盐精细混凝土试件 P 的抗折和抗压破坏形态如图 2.9 所示。随着目标温度 T_R 的升高,试件表面的颜色逐渐由青灰色变为灰白色;试块压碎后,常温下与 $T_R = 800℃$ 时的破坏形态不同,抗折试件呈现明显的"环箍效应",抗压试件边角呈现疏松前兆,"环箍效应"不明显。

(a) 抗折　　　　　　　　　　　　(b) 抗压

图 2.9　高温后试件 P 的破坏形态

XW 系列所有试件经高温处理后均未发生爆裂现象。受火 0.75h 后停止升温,待试件冷却至室温时观察试件表面特征。表 2.6 为 XW 系列试件受火 0.75h 后的表面形态和损伤状况。由表可知,多组试件冷却后出现较严重边角疏松现象。

表 2.6　受火 0.75h 后 XW 系列试件表面特征

试件编号	受火后试件表面特征	高温处理后试件形态	试件编号	受火后试件表面特征	高温处理后试件形态
P	呈灰白色,表面出现无数龟裂纹,棱角处出现严重的缺角、疏松等现象		S100P50	呈灰白色,表面出现较多细孔,PP 纤维已熔融,棱角处出现明显的疏松现象	
C50	呈灰白色,表面布满龟裂纹,边角出现疏松、剥落等前兆		C100	颜色灰白,表面出现大量龟裂纹,边角疏松现象严重	
S50	呈灰白,外表出现白色粉末,边角出现轻微程度的疏松现象		S100	呈灰白色,钢纤维处裂缝处裂纹数目较多,棱角处出现疏松前兆	

2.3.2　精细混凝土试块高温后的质量损失率

混凝土在遭受火灾或高温时,内部水分因受热而蒸发逸出。混凝土中的水分基本上以吸附水、结晶水和自由水等形式存在。吸附水是在吸附或毛细作用下附着于固体颗粒表面及孔隙中的水,存在于宏观毛细孔中,包括胶凝水和毛细水。结晶水是水化物的组分之一,根据结合力强弱可分为强结晶水和弱结晶水。自由水存在于大孔或粗孔内,分为蒸发水和非蒸发水[7]。因此,当外界温度不断升高时,混凝土将发生高温脱水和化学分解,内部各种水分将依次散失,质量不断减小。

JN 系列试件经过不同高温处理后的质量损失率如图 2.10 所示,图中给出了不同试件的平均值及趋势线。所有试件的质量损失率随目标温度的变化趋势如图 2.11 所示。由图可知,随目标温度的升高,所有试件的质量损失率逐渐增大,$T_R = 35 \sim 400℃$ 时质量损失速率最快,该阶段中的质量损失主要来源于自由水、吸附水,以及水化硅酸钙等部分水化产物丧失的结晶水。$T_R = 400 \sim 600℃$ 时,试件的质量损失在 $8\% \sim 10\%$;$T_R = 800℃$ 时,所有试件的质量损失率均处于 $10\% \sim 13\%$。与对照组 P 相比,除 CA-FS2 外,其余试件在 $T_R \geqslant 400℃$ 时,质量损失率均小于对照组,可见硅酸盐混凝土试件在目标温度 $T_R \geqslant 400℃$ 时,内部热劣化程度比以铝酸盐水泥为主要胶凝材料的试件更严重。不同目标温度下,试件 CA-FS2 的质量损失率均大于 CA-FS1,表明水胶比越大,高温处理后质量损失率越高。另外,浇筑过程中,试件 CA-FS2 基体混凝土出现轻微离析现象,表面存在较多气泡,这也可能导致该组试件质量损失率偏高。$T_R \geqslant 600℃$ 时,CA-FS1 的质量损失率最小,试件 P 的质量损失率最大。

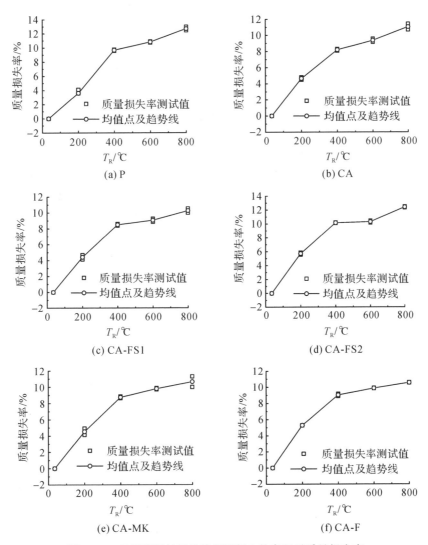

图 2.10　不同胶凝材料的精细混凝土的高温后质量损失率

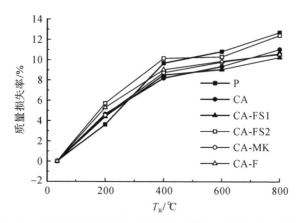

图 2.11　高温对不同胶凝材料的精细混凝土质量损失率的影响

　　XW 系列试件经过不同受火时间后的质量损失率如图 2.12 所示,图中给出了不同试件的平均值及趋势线。所有试件的质量损失率随受火时间的变化趋势如图 2.13 所示。由图可知,受火 0.5h 后,试件质量损失幅度较大,这是由于按国际标准升温 0.5h 时,炉膛内的温度已高于 800℃,试件水化物中各种形式的水分大部分均已释放,外掺的聚丙烯纤维均已熔融,大部分的碳纤维均已发生氧化反应。在此阶段,试件 P 的质量损失率最小,试件 S100P50 的质量损失率最大,高于试件 S100,这是由于聚丙烯纤维的熔点仅为 160℃ 左右,在持续高温作用下,纤维熔融产生的孔洞为试件内部水分的释放提供了有利的通道,造成试件的质量损失率偏高。当受火时间为 0.75h 时,外掺短切钢纤维的试件 S50 和 S100 的质量损失率最小,外掺短切碳纤维的试件 C50 和 C100 的质量损失率最大,可见外掺不同类型的纤维对试件质量损失率的影响各不相同。虽然钢纤维和碳纤维理论上的熔点均较高,但两者在局部有氧的环境下均易发生氧化反应,生成不同的氧化物,可能造成两类试件在质量损失率上的差别。

　　综上,在不同的受火时间后,外掺不同种类的纤维对试件质量损失率的影响主要取决于纤维本身的特征。纤维掺量方面,当受火时间为 0.75h 时,与试件 C50 或 S50 相比,试件 C100 和 S100 的质量损失率均略有提高,表明在本章设定的掺量中,相同种类的短切纤维体积掺量越多,试件的质量损失率越大。

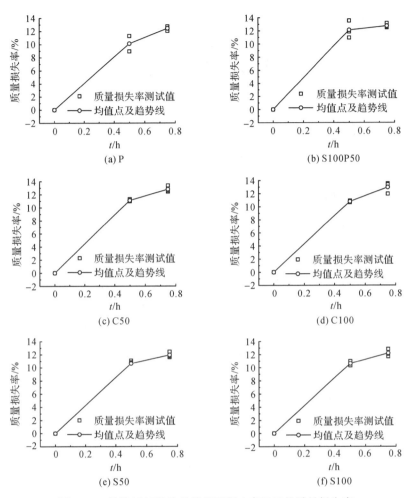

图 2.12　外掺短切纤维的精细混凝土高温后的质量损失率

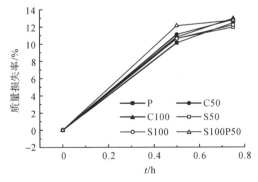

图 2.13　受火时间对外掺纤维的精细混凝土质量损失率的影响

2.4 试验结果与分析

本节对不同胶凝材料系统下和外掺短切纤维试块的高温后力学性能试验结果进行讨论与分析,分别讨论了试件的抗折强度和抗压强度性能指标。

2.4.1 不同胶凝材料系统下试块高温后的抗折强度

2.4.1.1 试块的高温后抗折强度

不同高温处理后 JN 系列六种试件的抗折强度测试值如图 2.14 所示,图中给出了不同试件的平均值及趋势线,f_{cf} 代表抗折强度。从图中可知,随着目标温度的升高,除小部分试件在 $T_R = 200℃$ 时抗折强度略有升高外,其他试件的抗折强度均呈下降趋势。残余抗折强度在 200℃时小幅上升的现象同样出现在文献[8,9]中。可能原因是:①基体内部干燥的孔隙结构引起试件抗折强度的提高,且提高幅度大于因高温产生的微裂纹对强度的削弱作用[8];②由于混凝土由非均质的三相组成,其力学性质在空间上具有随机性;③由于基体残余抗折强度的绝对值较小,一些不可避免的误差(如试件制作成型及试验过程产生的误差)将对试验结果造成较大影响[10]。

所有试件的抗折强度和相对抗折强度随目标温度的变化趋势如图 2.15 所示,图中 f_{cf}^0 代表常温下的抗折强度。由图 2.15(a)可知,对于试件 P,残余抗折强度随目标温度升高逐步下降,特别是 $T_R = 400 \sim 600℃$ 时强度值大幅度下降,主要是由于 $T_R = 600℃$ 时,氢氧化钙的脱水和分解反应已基本结束[7],导致试件强度迅速下降。此外,基体中的石英砂在 500℃时发生相变,产生体积膨胀,亦造成基体强度值下降速率加快[11]。$T_R \leqslant 400℃$ 时,高铝水泥混凝土试件的抗折强度与普通精细混凝土试件 P 相比无明显优势,但当 $T_R \geqslant 600℃$ 时,采用高铝水泥作为主要胶凝材料的各组试件的残余抗折强度均比试件 P 有较大程度的提高,提高幅度在 55% ~ 137%。

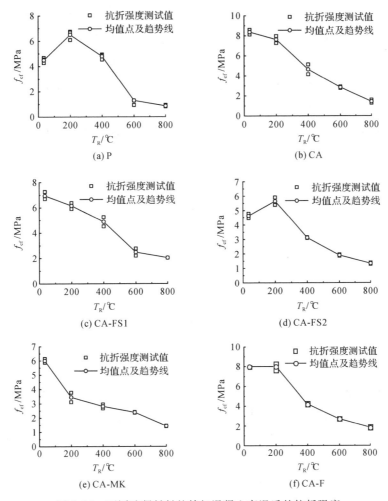

图 2.14 不同胶凝材料的精细混凝土高温后的抗折强度

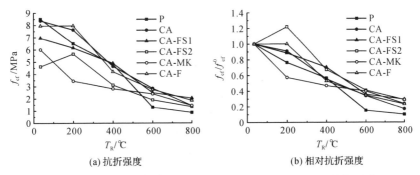

图 2.15 不同胶凝材料的精细混凝土高温后抗折和相对抗折强度

与以高铝水泥为主要胶凝材料的试件相比,常温下试件 CA 的抗折强度最高,达 8.37MPa;试件 CA-FS2 的抗折强度仅为 4.6MPa。T_R＝800℃时,试件 CA-FS1 的残余抗折强度最高,试件 CA-FS2 的残余抗折强度最低,表明高水胶比试件的残余强度较小,下降幅度较大。由图 2.15(b)可知,T_R＝800℃时,试件 CA-FS1 和 CA-FS2 的相对抗折强度均高于其余试件组,表明外掺硅灰和粉煤灰能较好地改善高铝水泥高温后的残余强度;相对而言,试件 CA-FS1 的残余抗折强度和相对残余抗折强度比 CA-FS2 更佳。

2.4.1.2　高温后试块的抗折强度计算模型

随着温度升高,普通混凝土和高性能混凝土的残余抗折强度均逐渐降低,为方便工程应用,可采用统一简化公式来表示[12],即

普通混凝土:

$$f_{cf}/f_{cf}^0 = -0.12(T/100) + 0.9992 \qquad (2.2)$$

高性能混凝土:

$$f_{cf}/f_{cf}^0 = -0.13(T/100) + 1.0749 \qquad (2.3)$$

式中,T 为经历的最高温度,$T \leqslant 900℃$。

图 2.15 的试验结果表明,高温作用使精细混凝土的强度发生劣化。图 2.16 比较了对照组试件 P 与试件 CA-FS1 以及普通混凝土和高性能混凝土[12]的高温后相对残余抗折强度的下降规律。由图 2.16 可知,试件 P 高温后相对残余抗折强度与温度的关系基本与普通混凝土和高强混凝土类似,而以高铝水泥为主要胶凝材料的精细混凝土试件 CA-FS1 高温后相对残余抗折强度与温度的关系明显高于高性能混凝土和普通混凝土。通过对试验数据进行拟合,得到其抗折强度计算模型为

$$f_{cf}/f_{cf}^0 = -0.101(T/100) + 1.059 \qquad (2.4)$$

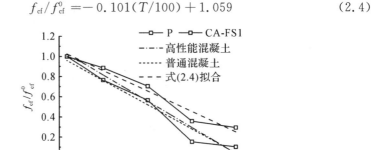

图 2.16　混凝土高温后相对抗折强度对比

上式的适用范围为 20℃≤T≤800℃,试验值与式(2.4)计算值的相关性系数 R^2(0.94)吻合度良好。

2.4.2 外掺短切纤维试块高温后的抗折强度

精细混凝土结构较密实、脆性较大,在高温作用下容易发生爆裂,导致结构开裂和破坏。为弥补精细混凝土高温后的结构缺陷,本节主要研究外掺短切纤维对精细混凝土试块高温后残余抗折强度的影响,旨在探究提高基体高温后抗折强度的有效方法。

不同受火时间后 XW 系列六种试块的抗折强度测试值如图 2.17 所示,图中给出了不同试件的平均值及趋势线。所有试件的抗折强度和相对抗折强度随受火时间的变化趋势如图 2.18 所示。由图可知,随着受火时间变长,所有试件的抗折强

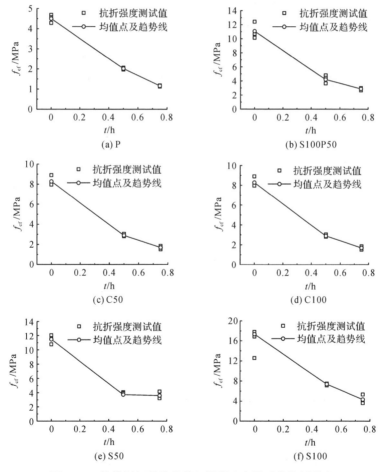

图 2.17 外掺短切纤维的精细混凝土高温后的抗折强度

度下降趋势明显。受火时间为 0.5h 时,所有试件的抗折强度退化已较为严重,基体中的自由水、吸附水及大部分结合水均已释放,水泥基结构发生严重热劣化。受火时间为 0.75h 时,试件 S100 的残余抗折强度为试件 P 的 3.7 倍,但两者的相对残余抗折强度均为 0.25 左右,表明外掺短切纤维能较好地改善精细混凝土高温后抗折强度绝对值,但对相对残余抗折强度的提高幅度并不大。

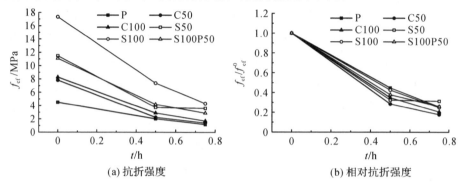

(a) 抗折强度　　　　　　　　　　(b) 相对抗折强度

图 2.18　外掺短切纤维的精细混凝土高温后抗折和相对抗折强度

短切纤维类型方面,试件 S100 的残余抗折强度高于试件 S100P50,表明外掺短切钢纤维有利于试件高温后残余抗折强度的提高,但外掺聚丙烯纤维对高温后抗折强度会产生不利影响。原因可能为聚丙烯纤维熔点较低,高温后熔融形成孔道,类似于在试件内部引入缺陷,降低了基体的密实度。与外掺短切钢纤维试件相比,外掺碳纤维对精细混凝土高温后残余抗折强度的影响较小,受火时间为 0.75h 时,外掺短切碳纤维试件的残余抗折强度仅略高于试件 P。

短切纤维掺量方面,试件 S100 在常温下、受火 0.5h 和受火 0.75h 后的残余抗折强度均高于试件 S50,强度值分别为试件 S50 的 1.51 倍、2.18 倍和 1.2 倍,表明在本节设定掺量范围内,钢纤维掺量越高,试件的常温抗折强度以及高温后残余抗折强度越高。试件 C100 在常温下、受火 0.5h 和受火 0.75h 后的残余抗折强度值分别是试件 C50 的 1.06 倍、1.29 倍和 1.23 倍,表明在本节设定的掺量范围内,碳纤维掺量提高,能在一程度上改善试件的抗折强度,但提升幅度不大。

2.4.3　不同胶凝系统下试块高温后的抗压强度

2.4.3.1　高温后试块的抗压强度

不同高温处理后 JN 系列六种试块的抗压强度测试值如图 2.19 所示,图中给出了不同试件的平均值及趋势线,f_{cu} 代表抗压强度。所有试件的抗压强度和相对抗压强度随目标温度的变化趋势如图 2.20 所示,图中 f_{cu}^o 代表常温下的抗压强度。由图可知,随着温度升高,不同胶凝系统下精细混凝土试块的抗压强度呈下降趋势。特别是当 $T_R = 400 \sim 600℃$ 时,与其余试件相比,试件 P 的强度下降趋势最明显,而以高铝水泥为主要胶凝材料的试件下降较为缓慢,出现这种现象的主要原因是高铝水泥的水化产物与硅酸盐水泥不同,不含氢氧化钙,因此在 $400 \sim 600℃$ 的氢氧化钙分解温度段里,高铝水泥的体积稳定性较好,加热脱水所引起的破坏应力也较小。同抗折强度规律类似,$T_R \leqslant 400℃$ 时,高铝水泥混凝土试件的抗压强度与

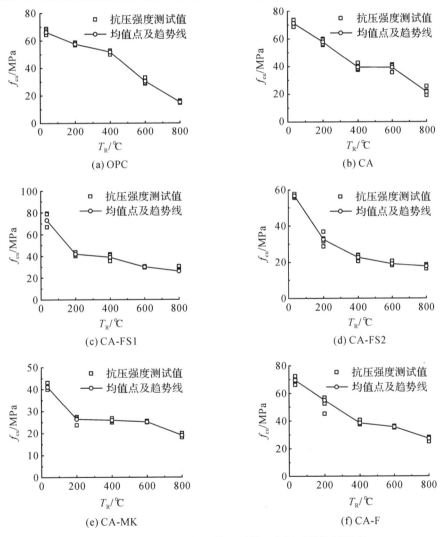

图 2.19 不同胶凝材料的精细混凝土高温后的抗压强度

普通精细混凝土相比无明显优势,但 $T_R \geq 600℃$ 时,采用高铝水泥作为主要胶凝材料的试件的力学性能明显较优。$T_R = 800℃$ 时,试件 P 的残余抗压强度仅为 15.2MPa,相对残余抗压强度为 0.229,而采用高铝水泥为主要胶凝材料的试件残余抗压强度和相对残余抗压强度分别比试件 P 大幅提高 79% 和 100%,其原因如下:①在水胶比相近的情况下,高铝水泥完全水化所需的水分比硅酸盐水泥多,所以温度升高后可蒸发水量相对硅酸盐水泥混凝土少,自由水挥发产生的空隙也较少[13];②温度达 800℃ 时,水化产物中的氢氧化钙超过 80% 已分解[7],而高铝水泥水化过程中未生成氢氧化钙水化物,故残余强度较高。

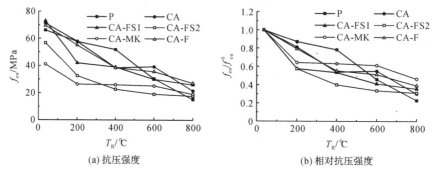

(a) 抗压强度 (b) 相对抗压强度

图 2.20　不同胶凝材料的精细混凝土高温后抗压和相对抗压强度

对于以高铝水泥为主要胶凝材料的试件,各组掺入活性粉末的试件在 $T_R \leq 600℃$ 时相对抗压强度变化并无明显规律,但当 $T_R = 800℃$ 时,相对抗压强度均比试件 CA 有所提高,可能的原因为硅灰、粉煤灰和偏高岭土都具有火山灰活性,能与高铝水泥的亚稳相水化产物 CAH_{10} 和 C_2AH_8 反应生成新的水化产物 C_2ASH_8,从而在一定程度上抑制稳相 C_3AH_6 的生成,而 C_2ASH_8 高温脱水反应后的产物强度高于 C_3AH_6 高温脱水反应后的产物,因此有利于改善材料高温后的强度[14-15]。综合考虑试件的残余抗折强度和抗压强度,选用试件 FS-CA1 作为以高铝水泥为主要胶凝材料的最佳配比,研究该类试件残余抗压强度与温度的计算模型。

2.4.3.2　高温后试块的抗压强度计算模型

国内外对混凝土在高温作用后的抗压强度进行了大量试验研究,但由于试验条件的不确定性以及混凝土材料本身的复杂性,不同试验的结果存在一定的差异。针对普通混凝土,李卫等[16]提出,高温作用后普通混凝土的抗压强度可表示为

$$f_{cu}/f_{cu}^0 = \frac{1}{1 + 2.4(T-20)^6 \times 10^{-17}} \tag{2.5}$$

上式的适用范围为 $T \leq 700℃$。根据胡海涛[17]对 C60 和 C80 高强混凝土的相关研

究,高温作用后高强混凝土立方体抗压强度的表达式为

$$f_{cu}/f_{cu}^0 = \frac{1}{1+2.0(T-20)^{3.17} \times 10^{-9}} \qquad (2.6)$$

上式的适用范围为 $T \leqslant 1000℃$。

图 2.21 比较了对照组试件 P 和试件 CA-FS1 以及普通混凝土[16]和高性能混凝土[17]的高温后相对残余抗压强度的下降规律。由图可知,P 组试件高温后相对残余抗压强度和温度的关系与高强混凝土计算模型吻合较好,以高铝水泥为主要胶凝材料的试件组则需要重新确定其计算模型。作为参考,图中还给出了 ACI-216R[18]中硅质骨料混凝土相对残余抗压强度随目标温度的变化曲线,可以发现,$T_R \leqslant 400℃$ 时,试件相对抗压强度比规范推荐曲线低;而 $T_R \geqslant 600℃$ 时,ACI-216R 的推荐曲线偏于保守,说明该推荐曲线的规律并不能很好地体现以高铝水泥为主要胶凝材料的精细混凝土高温后抗压强度随目标温度的变化特征,需重新确定该类混凝土高温后残余抗压强度的计算模型。通过对试验数据进行拟合,得到以高铝水泥为主要胶凝材料的试件 CA-FS1 的高温后相对残余抗折强度计算模型为

$$f_{cu}/f_{cu}^0 = 0.26 + \frac{4.41}{\sqrt{T}} \qquad (2.7)$$

上式的适用范围为 $35℃ \leqslant T \leqslant 800℃$。试件 CA-FS1 高温后相对残余抗压强度试验值与式(2.7)计算值的相关性系数 R^2(0.94)吻合程度良好。

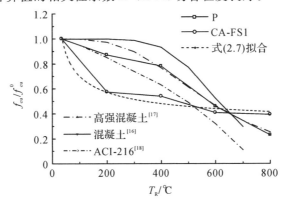

图 2.21　混凝土高温后相对抗压强度对比

2.4.4　外掺短切纤维试块高温后的抗压强度

不同高温处理后 XW 系列六种试块的抗压强度测试值如图 2.22 所示,图中

给出了不同试件的平均值及趋势线。试件的抗压强度和相对抗压强度随受火时间的变化趋势如图 2.23 所示。由图可知,所有试件的残余抗压强度劣化均较为严重。受火时间为 0.5h 时,外掺短切纤维的精细混凝土的残余抗压强度并不存在优势,但当受火时间为 0.75h 时,除试件 S100P50 外,其余试件的残余抗压强度均优于试件 P,其中试件 S100 和 S50 的残余抗压强度值分别为试件 P 的 1.5 倍和 1.4 倍。

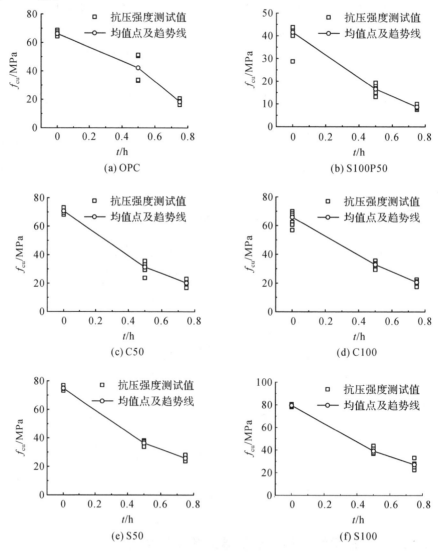

图 2.22　外掺短切纤维的精细混凝土高温后的抗压强度

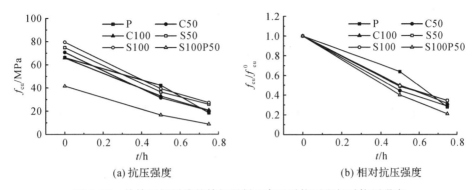

(a) 抗压强度   (b) 相对抗压强度

图 2.23 外掺短切纤维的精细混凝土高温后抗压和相对抗压强度

纤维种类方面,由图 2.23(a)可知,试件 S100 的高温后抗压强度和相对抗压强度均高于试件 S100P50,表明外掺聚丙烯纤维对试件高温后的残余抗压强度会产生不利影响。受火时间为 0.5h 时,试件 S100 的残余抗压强度比试件 C100 高 19.1%;而试件 S50 的残余抗压强度比试件 C50 高 15.9%。受火时间为 0.75h 时,试件 S100 的残余抗压强度比试件 C100 高 31.8%;试件 S50 的残余抗压强度则比试件 C50 高 27.1%。以上结果表明,外掺短切钢纤维比外掺短切碳纤维更有利于试件高温后抗压强度的保持。这主要是由于混凝土立方体的抗压强度受环箍效应的影响较大,在受压过程中,试块会在剪切应力作用下发生滑移式破坏。与碳纤维相比,钢纤维不易发生挠曲变形,限制基体混凝土滑移的能力较强,对基体混凝土抗压强度的贡献较大。

纤维掺量方面,常温下、受火 0.5h 和受火 0.75h 后,试件 S100 的残余抗压强度分别比试件 S50 提高了 6.3%、7.8% 和 5.7%。表明在本章设定的掺量范围内,提高钢纤维掺量可小幅度改善试件的残余抗压强度。可能的原因为:一方面,钢纤维在精细混凝土中具有较好的桥联作用和阻裂作用,能有效减轻混凝土内部微缺陷的扩展;另一方面,钢纤维良好的导热性能使精细混凝土在高温作用下内部温度更快达到均匀一致,减小了因温度梯度产生的热裂纹[19-21]。对于外掺短切碳纤维的精细混凝土,试件 C100 在常温下、受火 0.5h 和受火 0.75h 后的残余抗压强度分别是试件 C50 的 93%、1.05 倍和 1.02 倍,表明在本章设定的掺量范围内,增加短切碳纤维的掺量并不能有效改善基体高温后的残余抗压强度,这可能与碳纤维在局部有氧的环境下因氧化而性能劣化有关。

2.5　本章小结

残余力学性能是衡量材料高温性能优劣的重要指标之一。本章主要探讨了不同胶凝材料的精细混凝土以及外掺不同种类短切纤维对精细混凝土高温作用后残余力学性能的影响规律,得到以下结论。

(1)随着目标温度的升高,所有试件的质量损失率均不断增大。$T_R \geqslant 400℃$ 时,除试件 CA-FS2 外,JN 系列中以高铝水泥为主要胶凝材料的试件的质量损失率均小于普通精细混凝土试件。$T_R \geqslant 600℃$ 时,试件 CA-FS1 的质量损失率最小,普通精细混凝土试件 P 的质量损失率最大。

(2)受火时间为 0.5h 时,XW 系列中所有试件的质量损失速率均较快。受火时间为 0.75h 时,外掺钢纤维的试件质量损失率最小,外掺碳纤维的试件质量损失率最大。表明在不同受火时间下,纤维本身特征对试件质量损失率的影响较大。同种纤维的掺量越多,试件的质量损失率越大。

(3)对于 JN 系列试件,$T_R = 400 \sim 600℃$ 时,试件 P 的抗折强度下降速率最快,符合硅酸盐混凝土材料高温后力学性能退化的一般规律。$T_R \geqslant 600℃$ 时,采用高铝水泥为主要胶凝材料的试件残余抗折强度比对照组试件 P 提高了 $55\% \sim 137\%$,其中试件 CS-FS1 具有较好的残余抗折强度和相对抗折强度。

(4)对于 JN 系列试件,$T_R \geqslant 600℃$ 时,采用高铝水泥为主要胶凝材料的试件残余抗压强度和相对残余抗压强度均优于对照组试件 P,目标温度越高,前者的优势越明显。与以硅酸盐水泥混凝土试件的试验结果相比,目标温度越高,ACI-216R 推荐的相对残余抗压强度退化曲线越偏保守,推荐曲线并不适用于以高铝水泥为主要胶凝材料的精细混凝土。

(5)对于 XW 系列试件,外掺短切纤维能较好地改善精细混凝土常温及高温后的残余抗折强度,但对相对残余抗折强度的提高幅度不大。外掺短切聚丙烯纤维会对试件高温后的残余抗折强度产生不利影响。外掺短切钢纤维对试件残余抗折强度的改善效果优于外掺短切碳纤维。

(6)对于 XW 系列试件,当受火时间为 0.75h 时,除试件 S100P50 外,其余试件的残余抗压强度均优于对照组试件 P。外掺短切钢纤维对试件残余抗压强度的提高幅度大于外掺短切碳纤维,钢纤维掺量越多,改善效果越明显,但增加短切碳纤维掺量的效果并不显著。

(7)通过分析对比,本章选用试件 CA-FS1 作为以高铝水泥为主要胶凝材料试件组中的最佳配比,根据试件 CA-FS1 的试验数据,建立高铝水泥混凝土高温后相对抗折强度和相对抗压强度的计算模型,为该类精细混凝土的耐高温设计和灾后处理提供了一定的依据和参考。

参考文献

[1] 徐世烺,李赫.用于纤维编织网增强混凝土的自密实混凝土[J].建筑材料学报,2006,9(4):481-483.

[2] Brockmann T. Mechanical and fracture mechanical properties of fine grained concrete for textile reinforced concrete[D]. Achen, German:Institute of Building Materials Research (IBAC), RWTH Achen University,2006.

[3] 国家质量技术监督局.GN/T 17671—1999 水泥胶砂强度试验方法(ISO 法)[S].北京:中国标准出版社,1999.

[4] Poon C S, Azhar S, Anson M, et al. Comparison of the strength and durability performance of normal-and high-strength pozzolanic concretes at elevated temperatures[J]. Cement and Concrete Research,2001,31(9):1291-1300.

[5] 中华人民共和国国家质量监督检验检疫总局.GB/T 9978.1—2008 建筑构件耐火试验方法 第 1 部分:通用要求[S].北京:中国标准出版社,2008.

[6] 中华人民共和国住房和城乡建设部.GB 50016—2014 建筑设计防火规范(2018 年版)[S].北京:中国计划出版社,2018.

[7] 付宇方,唐春安.水泥基复合材料高温劣化与损伤[M].北京:科学出版社,2012.

[8] Watanabe K, Bangi M R, Horiguchi T. The effect of testing conditions (hot and residual) on fracture toughness of fiber reinforced high-strength concrete subjected to high temperatures[J]. Cement and Concrete Research,2013,51:6-13.

[9] Xiao J, Falkner H. On residual strength of high-performance concrete with and without polypropylene fibres at elevated temperatures[J]. Cement and Concrete Research,2006,41:115-121.

[10] Carre H, Pimienta P. 3-Points bending tests on concrete at high temperature[C]//Fifteenth International Conference on Experimental Mechanics (ICEM). 2012:1-9.

[11] Harmathy T Z. Thermal properties of concrete at elevated temperatures[J]. ASTM Journal of Materials,1970,5(1):47-74.

[12] 肖建庄,谢猛,李杰.聚丙烯纤维对火灾后高性能混凝土结构行为影响的试验研究[C]//中国土木工程学会高强与高性能混凝土委员会第五届学术讨论会,2004(4):213-218.

［13］鹿少磊.三大系列水泥混凝土的高温性能比较研究［D］.北京：北京交通大学,2009.

［14］Mostafa N Y，Zaki Z I，Elkader O H A. Chemical activation of calcium aluminate cement composites cured at elevated temperature［J］. Cement and Concrete Composites,2012,34 （10）:1187-1193.

［15］Majumdar A J，Singh B. Properties of some blended high-alumina cements［J］. Cement and Concrete Research,1992,22(6):1101-1114

［16］李卫,过镇海.高温下混凝土的强度和变形性能试验研究［J］.建筑结构学报,1993,14(1): 8-16.

［17］胡海涛.高温时高强混凝土压弯构件的试验研究及理论分析［D］.西安：西安建筑科技大 学,2002.

［18］ACI 216R-89 Guide for determining the fire endurance of concrete elements［S］. New York: American Concrete Institute,1989.

［19］李晗.高温后纤维矿渣微粉混凝土力学性能研究［D］.郑州：郑州大学,2009.

［20］高丹盈,杨淑慧,赵军.高温后纤维矿渣微粉混凝土抗压强度［J］.建筑材料学报,2010,13 （6）:711-715.

［21］杨淑慧,高丹盈,赵军.高温后矿渣微粉纤维混凝土抗压强度试验研究［J］.工业建筑,2011, 41(1):101-104.

第3章 TRC薄板高温后力学性能

3.1 概　述

TRC 作为一种新型复合材料，在建筑工程领域有着广阔的应用前景。在国外，TRC 面板已通过预制实现大规模生产，应用于多座建筑物的内外墙板或屋面板[1-3]。作为建筑物的重要组成部分，TRC 面板构件的抗火能力和高温力学性能必须得到保证，否则无法满足 GB 50016—2014《建筑设计防火规范》(2018 年版)[4]等一系列规范对构件燃烧性能和耐火极限的要求。

由于 TRC 构件的保护层很薄，高温条件下对纤维材料的保护作用较为薄弱，因而对其耐高温性能进行研究十分有必要。目前，国内外关于 TRC 构件耐高温性能的研究报道较少，为了正确评价 TRC 构件的耐高温性能，需积累更多的试验数据。

本章分别制作了纤维编织网浸渍与未浸渍环氧树脂的 TRC 薄板，并对薄板试件进行高温处理，目标温度为 35～800℃。对高温作用后的 TRC 薄板进行四点弯曲试验，以探讨不同温度和高温持续时间对 TRC 薄板的裂缝行为和残余弯曲承载力的影响。采用环境扫描电镜及能谱仪观测板件破坏断面的微观形貌，进一步探究 TRC 薄板高温后的破坏机理。本章以 TRC 薄板作为研究对象是因为单向薄板作为最简单的构件，研究其高温后力学性能是研究其他复杂构件和整体结构的第一步，也为 TRC 结构在建筑工程领域的应用奠定基础。

3.2 试验概况

3.2.1 纤维编织网

由于玻璃纤维的价格低于碳纤维,从经济角度考虑,本试验采用的纤维编织网是由碳纤维束(T300)和耐碱玻璃纤维束(E-Glass)混合编织的二维织物,两种纤维束均由未加捻的复丝组成。纬向碳纤维束在正交节点处与经向玻璃纤维束相交,搭接节点处用细纱丝缝编,形成的网格尺寸为 10mm×10mm(图 3.1)。纤维单丝力学参数见表 3.1,其中纤维型号 12K 表示每根纤维束包括 12000 根纤维原丝。试验中,试件为单向板,故以碳纤维作为受力增强纤维、玻璃纤维作为非受力纤维来提高纤维编织网的整体性。

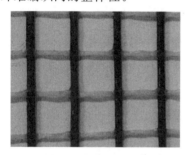 

(a) 浸渍环氧的纤维编织网   (b) 未浸渍环氧的纤维编织网

图 3.1 碳、玻混编纤维编织网

表 3.1 纤维单丝的力学及几何特征参数

纤维类型	型号	抗拉强度/MPa	弹性模量/GPa	断裂伸长/%
碳纤维	12K	4900	230	1.35
玻璃纤维	—	3100	72	4.50

根据 GB/T 3362—2017《碳纤维复丝拉伸性能试验方法》[5]测得未浸渍环氧树脂和浸渍过环氧树脂的碳纤维束的力学参数(表 3.2)。浸渍纤维束时,先将环氧树脂与固化剂进行 1∶1 混合,然后在混合物中加入二甲苯作为稀释剂,以增大环氧树脂浸渍液的流动性,使纤维编织网浸渍效果更佳,混合物和稀释剂的比例为 4∶1。

表 3.2 纤维束的力学性能

纤维类型	抗拉强度/MPa	强度利用率/%	理论面积/mm²	单位长度质量/(Tex·g⁻¹·km⁻¹)	纤维束密度/(g·cm⁻³)
碳纤维	2055	42	0.44	800	1.82
碳纤维(浸渍 EP)	3621	74	0.44	800	1.82

3.2.2 精细混凝土

本章采用表 2.1 中的对照组精细混凝土试件 P 的配比。浇筑薄板时,所配制的精细混凝土具有高流动性和不离析的自密实能力,满足自密实混凝土的工作性能要求[6]。结合第 2 章的研究内容,图 3.2 给出了不同目标温度的高温处理后精细混凝土试件 P 的抗压和抗折强度的变化趋势,从图中可看出,温度升高对基体混凝土的强度影响较大,经 800℃高温处理后,基体的抗压和抗折强度分别仅为常温时的 23%和 19%。

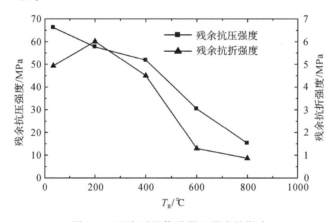

图 3.2 温度对基体混凝土强度的影响

3.2.3 试件制备

本试验的试件分为两类:类型 1 试件为纤维编织网浸渍环氧树脂的 TRC 薄板;类型 2 试件为纤维编织网未浸渍过环氧树脂的 TRC 薄板。为方便起见,下面均以类型 1 试件、类型 2 试件表示两类 TRC 试件。类型 1 试件在制作前先对纤维编织网进行环氧浸渍处理,待环氧树脂固化后,再进行试件浇筑。所有试件在浇筑前,先将纤维编织网绷紧并均匀布置在模具内,各层网之间的受力纤维都相互对齐,并保证每块板件内碳纤维束的数目相同(图 3.3)。然后,搅拌好精细混凝土,将其直接浇筑于模具中,最后将浇筑完成的试件轻微振捣、抹平。室温养护 24h 后拆模,再送入标养至 28d 龄期后进行试验。所有试件尺寸均为 500mm×100mm×16mm,纤维层数为三层,上下保护层厚度为 5mm,各纤维层的间距为 3mm。

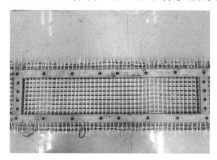

图 3.3　纤维编织网的布设

3.2.4　高温力学性能测试方法

与第 2 章高温力学性能测试方法相同,本试验采用的高温力学性能测试方法仍为 URT[7]。在进行高温炙烤前,先将试件放入烘箱,恒温 35℃烘干 3h,保证所有试件在常温中所处条件一致(图 3.4)。然后,将试件置于马弗炉中,在不施加外荷载的条件下,从室温 40℃开始,以 10℃/min 的升温速率加热至目标温度 T_R,恒温 60min,以使试件达到预期的热稳定状态。到规定时间,马上取出试件静置,待试件自然冷却至室温后再进行加载试验。

图 3.4　放置于烘箱中的试件

3.2.5　加载方式及测试内容

采用 25t Instron 万能试验机对试件进行四点弯曲试验,试件加载方式如

图3.5(a)所示。荷载P由荷载传感器测定,采用两个位移传感器(LVDT)测定薄板的跨中挠度,加载装置如图3.5(b)所示。试验加载过程中采用速率为0.5mm/min的位移控制。数据采集系统为IMC(integrated measurement & control)系统,通过该系统直接在计算机上输出荷载—位移曲线。

另外,通过FEI Quanta 650 FEG场发射环境扫描电镜及能谱仪观测高温作用后试件破坏的断面,从微观角度观察高温后纤维编织网与基体混凝土之间的界面状况,图3.6为FEI Quanta 650 FEG场发射环境扫描电镜及能谱仪。

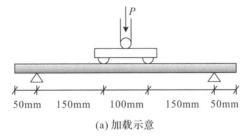

(a) 加载示意

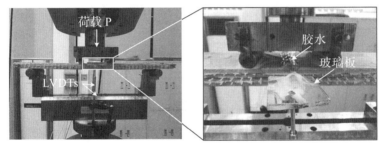

(b) 加载装置

图3.5 四点弯曲试验装置

图3.6 FEI Quanta 650 FEG场发射环境扫描电镜及能谱仪

3.3　试验结果与分析

3.3.1　类型 1 试件

表 3.3 为纤维编织网经环氧浸渍的 TRC 薄板(类型 1 试件)的四点弯曲试验结果,图 3.7 为各试件对应的荷载—跨中位移(F-D)曲线,由于四点弯曲加载头具有一定质量,故曲线的起始点略高于原点。由表 3.3 和图 3.7 可知,200℃以下的高温处理条件下,随温度上升,该类型 TRC 薄板的初裂荷载值变化不大,极限承载力略有下降。另外,相同目标温度的两种试件的荷载—跨中位移曲线较为接近,表明该种类型 TRC 板件的力学性能较为稳定,离散性较小。

表 3.3　纤维编织网经环氧浸渍的 TRC 薄板四点弯曲试验结果

试件编号	初裂荷载/N	初裂挠度/mm	极限荷载/N	极限荷载对应挠度/mm
常温-1(EP)	426	0.20	2500	18.5
常温-2(EP)	340	0.22	2640	22.8
100℃-1(EP)	444	0.22	2326	18.7
100℃-2(EP)	451	0.26	2256	15.7
200℃-1(EP)	616	0.35	2373	17.7
200℃-2(EP)	690	0.59	2366	18.4

注:EP 表示纤维编织网经环氧浸渍处理;常温表示仅经过 35℃恒温 3h 烘干。

图 3.8(a)和图 3.8(b)为类型 1 试件在不同目标温度作用后的破坏形态。$T_R \leqslant 200$℃时,类型 1 试件在承载力到达峰值后,其值陡降,纤维编织网与基体混凝土之间的界面突然发生剥离,导致剪切破坏,破坏时呈现明显的脆性破坏特征。$T_R = 300$℃时,试件均出现破裂现象,破坏形态如图 3.8(c)和图 3.8(d)所示,薄板沿界面发生剥离破坏,导致试件丧失完整性而达到耐火极限。其原因可主要概括为两方面:第一,环氧树脂耐高温性能较差,高温下易发生劣化,使界面的黏结性能大幅下降直至剥离;第二,环氧树脂内含有稀释剂二甲苯,作为多碳有机物,其沸点仅为 137~140℃,高温下不仅易挥发,而且易发生分解,产生的气体严重破坏了纤维编织网和基体之间的界面黏结性能,并造成试件丧失完整性。此外,由于基体混凝土流动性良好,含水量较高,高温下较高的内部热应力与孔隙水(汽)压力组合易达到基体混凝土的抗拉强度[8];基体混凝土中的硅质骨料也提高了混凝土的碎裂敏感度,增加了试件碎裂的危险性[9]。

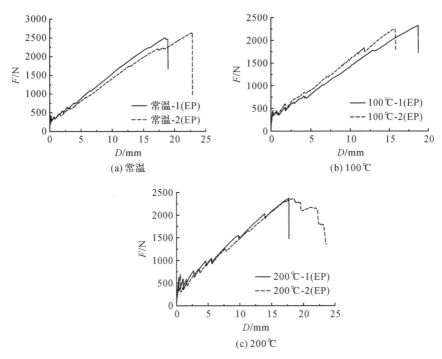

(a) 常温

(b) 100℃

(c) 200℃

图 3.7 纤维编织网经环氧浸渍的 TRC 薄板的荷载—跨中位移曲线

(a) 常温下临近破坏

(b) T_R=200℃时临近破坏

(c) T_R=300℃时侧面破裂

(d) T_R=300℃时正面破裂

图 3.8 纤维编织网经环氧浸渍的 TRC 薄板的破坏形态

图 3.9 展示了不同高温处理后环氧树脂表观特征的变化。随着目标温度的升高,环氧树脂的颜色发生了转变,特别是当 $T_R \geqslant 200℃$ 时,裸露在外的环氧树脂会呈明显深黄色,表明 100~200℃ 是环氧树脂性能发生劣化的温度段。

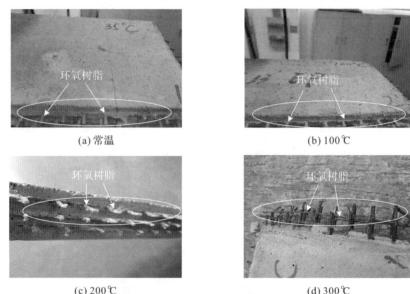

(a) 常温   (b) 100℃

(c) 200℃   (d) 300℃

图 3.9 不同高温处理后环氧树脂表观特征的变化

综上,纤维编织网经环氧浸渍的 TRC 薄板在本书设定的升温模式下仅能承受 200℃ 的高温,耐高温性能不够理想。二甲苯在高温下会挥发、分解,易产生有毒气体,对人体有害。因此,该种类型的 TRC 薄板不宜直接作为面板结构应用到对防火等级要求较高的实际工程中,但该种薄板具有较高的承载力,如何解决其高温后的破裂问题,将是今后研究的重点。

3.3.2 类型 2 试件

表 3.4 为纤维编织网未浸渍环氧的 TRC 薄板(类型 2 试件)的四点弯曲试验结果,图 3.10 为各试件对应的荷载—跨中位移曲线,由于测试仪器的精度所限,曲线呈现一定幅度的波动。由表 3.4 和图 3.10 可知,随着温度升高,该类型 TRC 薄板的极限承载力呈下降趋势,特别是当目标温度 T_R 达到 500℃ 后,试件的初裂荷载和极限荷载均大幅下降。这种在 500℃ 强度陡降的趋势与目标温度对基体混凝土强度的影响(图 3.2)类似,因此,薄板承载力急剧下降的原因可能与基体混凝土强度的下降相关,后文将进行探究。另外,$T_R = 800℃$ 时两种试件

极限挠度相差很大,表明该类型 TRC 板件的力学性能受制作误差等因素影响较大,离散性较高。

表 3.4 纤维编织网未浸渍环氧的 TRC 薄板四点弯曲试验结果

试件编号	初裂荷载/N	初裂挠度/mm	极限荷载/N	极限荷载对应挠度/mm
常温-1	425	0.97	1346	11.4
常温-2	497	1.09	1208	9.8
200℃-1	595	0.49	1121	10.4
200℃-2	736	0.55	1206	11.5
300℃-1	590	1.10	1117	12.5
300℃-2	567	0.67	1061	10.4
400℃-1	461	1.30	1106	15.2
400℃-2	406	1.20	1128	14.8
500℃-1	275	1.40	574	13.3
500℃-2	256	1.20	641	11.0
600℃-1	<100	—	320	11.8
600℃-2	<100	—	413	16.6
700℃-1	<100	—	399	11.6
700℃-2	<100	—	357	13.7
800℃-1	<100	—	248	9.8
800℃-2	<100	—	236	17.5

注:常温表示仅经过 35℃恒温 3h 烘干;"—"表示试验开始时已有细微裂缝,无法判断初裂挠度。

由图 3.10 可知,类型 2 试件的荷载—跨中位移曲线形状与类型 1 试件有较大的差异。与类型 1 试件的脆性破坏特征不同,类型 2 试件破坏时呈现出较好的延性特征,在承载力到达峰值后,荷载仍可在一定的挠度范围内维持峰值,随后缓慢下降。图 3.11 为类型 2 试件的典型破坏形态,可以观察到随着主裂缝的开展,纤维丝有缓慢拔出的现象。这是由于纤维束包含大量纤维单丝,与类型 1 试件的纤维丝被环氧树脂固化成整体[图 3.12(a)]不同,类型 2 试件中砂浆不能完全浸入纤维束内部,只有外层纤维粗纱能与砂浆形成一定的黏结,并通过摩擦传力于内层纤维粗纱[图 3.12(b)][10],因此在裂缝开展时内外层纤维丝无法协同受力,内层纤维丝被依次拔出,整个过程中试件承载力缓慢下降,发生黏结滑移破坏。

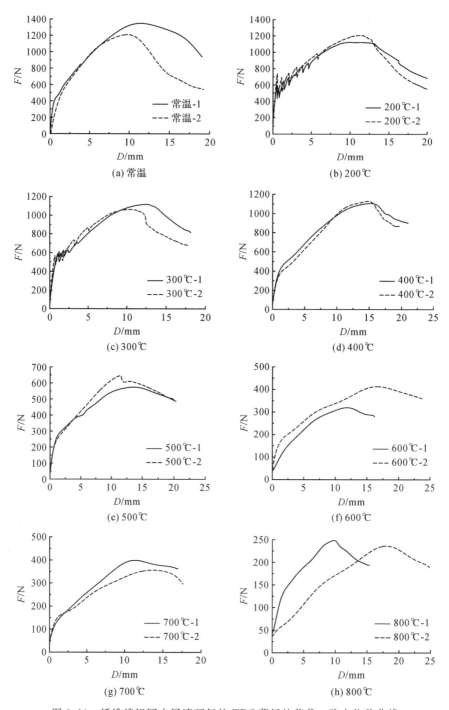

图 3.10　纤维编织网未浸渍环氧的 TRC 薄板的荷载—跨中位移曲线

(a) 200℃

(b) 500℃

图 3.11 纤维编织网未浸渍环氧的 TRC 薄板的破坏形态

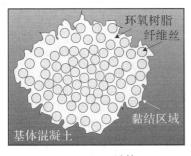
(a) 类型1试件

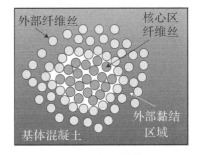
(b) 类型2试件

图 3.12 两种类型的纤维束在基体中的黏结形态

图 3.13 展示了不同高温处理后,类型 2 试件边缘玻璃纤维的表观特征。由图可知,当 $T_R = 500$℃时,类型 2 试件外边缘的玻璃纤维从紧密成束到稀疏,并且伴随着力学性能的逐步退化。这种现象与前文提到的 T_R 达到 500℃后试件的初裂荷载和极限荷载均大幅下降的试验结论相吻合。当 $T_R = 700$℃时,裸露在外的玻璃纤维的抗拉强度几乎为 0,用手轻触即可使其断裂;当 $T_R = 800$℃时,类型 2 试件外边缘的玻璃纤维已经熔融消失,不难推断出,纤维束力学性能已发生严重劣化。

与类型 1 试件相比,高温作用后类型 2 试件残余承载力虽不高,但完整性保持较好,且呈现延性破坏特征,该类型的薄板适宜制成非承重构件用于实际工程中。

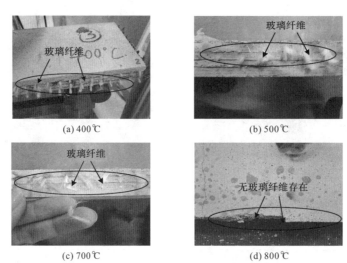

(a) 400℃   (b) 500℃

(c) 700℃   (d) 800℃

图 3.13　不同高温处理后裸露玻璃纤维的表观特征变化

3.3.3　目标温度对 TRC 薄板极限承载力的影响

图 3.14 给出了不同目标温度下 TRC 薄板残余承载力值,并添加了趋势线。由图可知,类型 1 试件的承载力明显高于类型 2 试件,目标温度对构件的极限承载力的影响不大,T_R 为 200℃时薄板承载力平均值较常温时下降 7.8%,但当 T_R 达到 300℃时,类型 1 试件的破裂率为 100%。类型 2 试件的承载力在 T_R=400℃时承载力下降 12.5%,下降幅度不大;当 T_R=500℃时,承载力大幅下降至 52.4%,即承载力下降的转折点位于 400~500℃;当 T_R=800℃时,承载力为常温下的 20%,试件的破裂率为 0。

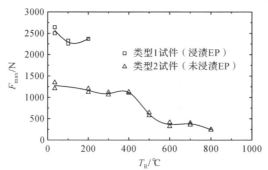

图 3.14　目标温度 T_R 对 TRC 薄板极限承载力的影响

3.3.4　TRC 薄板开裂状态比较

普通混凝土的低抗拉强度、开裂后应变软化等特征易导致混凝土起裂后裂缝发展较快,外界水、氯离子等的侵入将引发钢筋锈蚀等问题,因此,裂缝宽度的控制对于混凝土结构的耐久性至关重要。图3.15和图3.16分别为试验过程中拍摄的类型1和类型2的TRC薄板试件的开裂情况,所有试件在常温或高温后均呈现多缝开裂特征。从图中可知,类型1试件的裂缝间距较大,分布较均匀,且裂缝宽度较大,而类型2试件裂缝间距较小,出现明显的主裂缝。

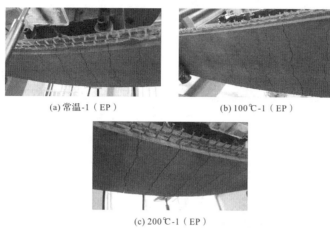

(a) 常温-1（EP）   (b) 100℃-1（EP）

(c) 200℃-1（EP）

图3.15 试验过程中类型1试件的开裂形态

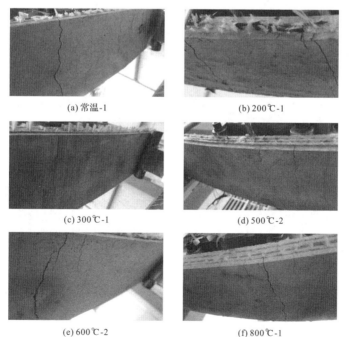

(a) 常温-1   (b) 200℃-1

(c) 300℃-1   (d) 500℃-2

(e) 600℃-2   (f) 800℃-1

图3.16 试验过程中类型2试件的开裂形态

图 3.17 为试验结束后拍摄的部分试件开裂情况,可以观察到 TRC 薄板在荷载作用下产生多条裂缝,当 $T_R \geqslant 500℃$ 时,类型 2 试件的裂缝形态由原来的连续裂缝变为不贯通的细微裂缝。试件整体以及纯弯段的裂缝数量统计见图 3.18,由于 $T_R \geqslant 500℃$ 时试件表面不连续的细微裂纹较多,故图中未统计其裂缝数量。$T_R \leqslant 200℃$ 时,类型 1 试件表面的裂缝分布较为均匀;相同目标温度下,类型 2 试件纯弯段裂缝间距小于类型 1 试件,且随着目标温度的升高,裂缝有逐渐向纯弯段集中的趋势(图 3.17)。

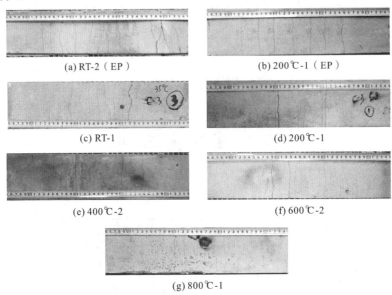

(a) RT-2(EP)　　　　(b) 200℃-1(EP)

(c) RT-1　　　　(d) 200℃-1

(e) 400℃-2　　　　(f) 600℃-2

(g) 800℃-1

图 3.17　不同高温处理后 TRC 薄板的开裂状态

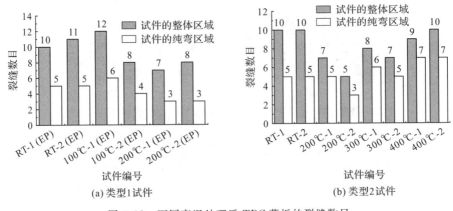

(a) 类型1试件　　　　(b) 类型2试件

图 3.18　不同高温处理后 TRC 薄板的裂缝数目

为了直观地展现该种趋势,进一步计算不同试件弯剪段裂缝占全部裂缝的比值,并添加趋势线(图3.19)。图中可以清楚看出,类型1试件在$T_R \leq 200℃$时弯剪段裂缝所占比率保持在50%左右,而类型2试件中该比率随着目标温度的升高明显下降。对比图3.14和图3.19可以发现,弯剪段裂缝所占比率与薄板承载力随目标温度的变化规律比较相似。这可能是由于常温下纤维编织网与混凝土之间黏结性能较好,在纤维束的桥接作用下,裂缝不断扩展至弯剪段,能够较大程度地吸收能量,使得基体与纤维束黏结界面不易破坏,因而提供了较高的承载力;而高温作用后纤维束与混凝土之间的黏结性能下降,纤维束的桥接作用减弱,裂缝逐渐向纯弯段集中。

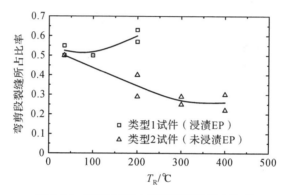

图3.19 TRC薄板中弯剪段裂缝所占比率

3.4 微观分析

为了更直观地了解高温作用后纤维编织网、环氧树脂及基体混凝土的形态,采用FEI Quanta 650 FEG 场发射环境扫描电镜能谱仪观测板件的破坏断面。由于不易获得能清楚展示界面处破坏形貌的试样,故仅对部分温度作用下试件的观测结果进行分析。

图3.20为类型1试件破坏断面的微观形貌。由图3.20(a)可知,浸渍过环氧的纤维束整体性良好,外层纤维束断裂时,各纤维单丝能够同时断裂;由图3.20(b)可知,破坏时界面处的混凝土出现明显裂纹,纤维与基体发生剥离。图3.21为类型2试件破坏断面的微观形貌。由图3.21(a)清晰可见,断面处存在断裂的纤维

丝,且大多数纤维丝发生滑移,从基体中抽出,产生空洞,这表明试件断面处大部分纤维主要发生黏结滑移破坏。图 3.21(b)展示了纤维与混凝土界面处的形态,从图中可见,在 500℃高温作用后,界面处基体材料的裂纹明显增多,不利于纤维束和混凝土之间的黏结。

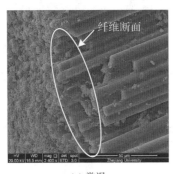
(a) 常温

(b) 200℃

图 3.20 纤维编织网经环氧浸渍的 TRC 薄板破坏断面微观形貌

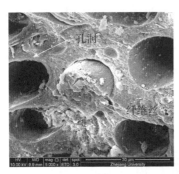
(a) 200℃

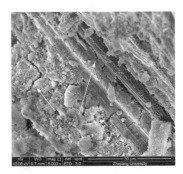
(b) 500℃

图 3.21 纤维编织网未经环氧浸渍 TRC 薄板破坏断面微观形貌

通过观测基体和纤维束的微观形貌,从材料层面研究类型 2 试件的 TRC 薄板高温后承载力下降的原因。图 3.22 展示了基体混凝土粉煤灰附近的形貌随温度升高的演变过程。从图中可以清楚地发现,随着温度的升高,基体中粉煤灰与凝胶材料结合面出现越来越明显的裂纹,尤其是在 $T_R = 800℃$ 时,裂缝宽度明显增大,表明在高温作用下基体材料性能发生劣化,程度随温度升高逐渐加深。基体在高温后性能劣化的主要原因是硅酸盐水泥水化产物 C-S-H 由胶凝状转化为松散状。

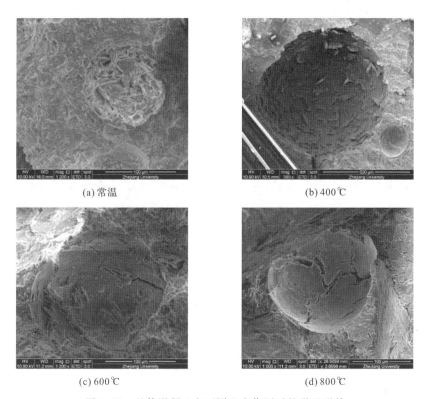

(a) 常温 (b) 400℃

(c) 600℃ (d) 800℃

图 3.22　基体混凝土在不同温度作用后的微观形貌

图 3.23 为类型 2 试件中主受力方向碳纤维束的微观形貌。由图可知,当 $T_R=800$℃时,纤维束出现了较明显的表面缺陷。可能的原因是孔隙的存在,碳纤维束在局部有氧的环境下发生氧化反应。

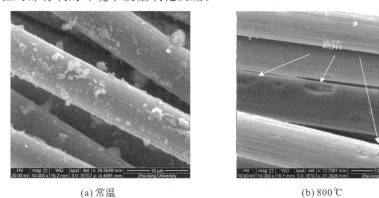

(a) 常温 (b) 800℃

图 3.23　纤维束在不同温度作用后的微观形貌

由以上分析可知,高温作用导致纤维束出现表观缺陷,基体本身性能劣化,基体与纤维束之间的界面黏结性能下降,三者的共同影响可能是导致类型 2 TRC 薄板承载力下降的重要原因。

3.5　本章小结

本章采用 URT 试验方法,分别对纤维编织网浸渍环氧树脂(类型 1 试件)与未浸渍环氧树脂(类型 2 试件)的 TRC 薄板进行了不同目标温度的高温处理,并对高温处理后的 TRC 薄板进行四点弯曲试验;另外,采用环境扫描电镜及能谱仪观测板件破坏断面的微观形貌。通过上述研究,得到以下结论。

(1)类型 1 试件的 TRC 薄板承载力较高,在 $T_R \leqslant 200℃$ 时,承载力变化不明显;但破坏时薄板发生界面剥离破坏,呈现明显的脆性破坏特征,尤其当 T_R 达到 300℃时,碎裂率为 100%,因此不宜应用于对防火等级要求较高的实际工程中,如何解决其高温后的破裂问题,将是今后研究的重点。

(2)相同目标温度下,类型 2 试件的 TRC 薄板承载力低于类型 1 试件的 TRC 薄板。在试验过程中,类型 2 试件的 TRC 薄板中纤维单丝被缓慢拔出,试件承载力缓慢下降,表现出较明显的延性破坏特征,且在 $T_R = 800℃$ 时,试件完整性保持较好。

(3)类型 2 试件的 TRC 薄板在 $T_R = 400℃$ 时承载力下降 12.5%,在 $T_R = 500℃$ 时承载力下降 52.4%。当 T_R 达到 800℃时,仍能保持常温下的 20% 的承载力,且碎裂率为 0,适宜制成非承重构件应用于实际工程中。

(4)相同目标温度下,类型 1 试件的 TRC 薄板纯弯段裂缝间距大于类型 2 试件的 TRC 薄板。随着目标温度的升高,类型 2 试件的 TRC 薄板弯剪段裂缝数目所占总裂缝的比率逐渐减少,裂缝有向纯弯段集中的趋势,反映出纤维束与混凝土之间的黏结性能的下降。

(5)通过微观结构观测可以发现,高温作用导致纤维束出现表观缺陷,基体本身性能劣化,基体与纤维束之间的界面黏结性能下降,三者的共同影响可能是导致类型 2 试件的 TRC 薄板承载力下降的重要原因。

参考文献

[1] Hegger J, Voss S. Investigations on the bearing behaviour and application potential of textile reinforced concrete[J]. Engineering Structures, 2008, 30(8): 2050-2056.

[2] Hegger J, Kulas C, Horstmann M. Spatial textile reinforcement structures for ventilated and sandwich façade elements[J]. Advances in Structural Engineering, 2012, 15(4): 665-675.

[3] Hegger J, Aldea C, Brameshuber W, et al. Applications of textile reinforced concrete[C]// Brameshuber W. Textile Reinforced Concrete. State-of-the-art Report of RILEM Technical Committee 201-TRC. Bagneux: RILEM Publications, 2006: 237-270.

[4] 中华人民共和国住房和城乡建设部. GB 50016—2014 建筑设计防火规范(2018 年版)[S]. 北京: 中国计划出版社, 2018.

[5] 中华人民共和国国家质量监督检验检疫总局. GB/T 3362—2017 碳纤维复丝拉伸性能试验方法[S]. 北京: 中国标准出版社, 2017.

[6] 徐世烺, 李赫. 用于纤维编织网增强混凝土的自密实混凝土[J]. 建筑材料学报, 2006, 9(4): 481-483.

[7] Poon C S, Azhar S, Anson M, et al. Comparison of the strength and durability performance of normal- and high-strength pozzolanic concretes at elevated temperatures[J]. Cement Concrete and Research, 2001, 31: 1291-1300.

[8] Fu Y F, Li L. Study on mechanism of thermal spalling in concrete exposed to elevated temperatures[J]. Materials and Structures, 2011, 44(1): 361-376.

[9] 付宇方, 唐春安. 水泥基复合材料高温劣化与损伤[M]. 北京: 科学出版社, 2012.

[10] Larbi A S, Agbossou A, Hamelin P. Experimental and numerical investigations about textile-reinforced concrete and hybrid solutions for repairing and/or strengthening reinforced concrete beams[J]. Composite Structures, 2013, 99: 152-162.

第4章 不同胶凝系统下的 TRC 薄板高温后力学性能

4.1 概　述

迄今为止,TRC 薄板的耐高温问题并未得到较好解决,且研究对象多为以硅酸盐水泥为主要胶凝材料的 TRC 薄板,并未从水泥基材料的角度对精细混凝土进行实质性的改性,以获得更好的耐高温性能。因此,系统研究以不同胶凝材料为基体的 TRC 薄板的高温后力学性能十分必要。从基体材料的角度改变 TRC 耐高温性能的尝试并不多见。仅有 Blom 等[1]和 Ramboa 等[2]分别研究了以无机磷酸盐水泥为基体材料的 TRC 薄板在高温下的弯曲性能和以高铝水泥为主要胶凝材料的玄武岩 TRC 薄板在高温后的拉伸性能。高铝水泥作为一种耐火水泥,加热后的物理和化学变化与硅酸盐水泥不同,其体积稳定性较好,加热脱水所引起的破坏应力较少,同时由于硅酸钙的存在,加热后生成的活性较强的氧化铝与耐火骨料反应,生成大量高熔点矿物,因此高铝水泥是一种耐火性能较好的胶结剂[3]。Mostafa 等[4]的研究表明,同时掺入硅灰和粉煤灰能够改善高铝水泥后期强度。2001 年,Brameshuber 等[5]初步研究了高铝水泥作为 TRC 构件基体材料的可能性,发现该种基体与耐碱玻璃纤维的化学相容性较好,且快硬早强,适于工业生产,但并未研究该种基体材料的高温后力学性能。

本章从改善 TRC 薄板基体材料耐高温性能的角度出发,研究以铝酸盐水泥为主要胶凝材料,同时掺入硅灰和粉煤灰的 TRC 薄板的高温后弯曲力学性能,并与第 3 章中以硅酸盐水泥为主要胶凝材料的薄板试件对比,探讨不同目标温度对该种类型的 TRC 薄板承载能力与裂缝行为的影响。利用热重分析、压汞分析和 SEM 微观电镜扫描等手段对基体及破坏试件进行分析,进一步探究其破坏机理,为研制耐高温 TRC 构件积累试验依据。

4.2　试验概况

试验采用与第 3 章相同的碳-玻混编的纤维编织网,后面也均采用该种纤维编织网。以高铝水泥为主要胶凝材料的 TRC 薄板基体材料配比采用第 2 章得到的最佳配比 CA-FS1(表 2.1)。以第 3 章中硅酸盐水泥为主要胶凝材料的 TRC 试件作为对照组,两种水泥主要化学成分见第 2 章中的表 2.2。为方便起见,将本章中的硅酸盐水泥混凝土和高铝水泥混凝土 TRC 试件分别记为 OPC 和 CAC。与第 3 章相同,仍以类型 1 试件表示纤维编织网浸渍环氧树脂的 TRC 薄板,以类型 2 试件表示纤维编织网未浸渍过环氧树脂的 TRC 薄板。试件制备方法、温升条件,以及四点弯曲试验测试内容均与第 3 章相同,此处不再赘述。

4.3　试验结果与分析

4.3.1　基体的高温后力学性能

高温后基体抗压和抗折强度的变化规律见图 4.1。可以看出,目标温度的升高对基体混凝土的强度影响较大。目标温度位于常温～200℃时 CAC 基体抗压强度下降较快,位于 400～600℃时 OPC 基体强度下降较快。前者强度下降主要是由于较高强度的非稳相水化产物 $CAH_{10}(CaO \cdot Al_2O_3 \cdot 10H_2O)$ 和 $C_2AH_8(2CaO \cdot Al_2O_3 \cdot 8H_2O)$ 转化为较低强度的稳相水化产物 $AH_3(Al_2O_3 \cdot 3H_2O)$ 和 $C_3AH_6(3CaO \cdot Al_2O_3 \cdot 6H_2O)$,而 AH_3 和 C_3AH_6 继续分解[2];后者强度下降较快主要是由于氢氧化钙的分解。600℃高温后,OPC 与 CAC 的抗压强度基本相同,抗折强度后者强于前者。800℃高温后,两者抗压强度分别仅为常温时的 23% 和 36%,抗折强度仅为常温时的 19% 和 29%。可见,在 800℃高温后,与 OPC 基体相比,CAC 基体的残余力学性能较好,这与铝酸盐水泥水化物的特征和变化有关[3],其在水化过程中未生成氢氧化钙。

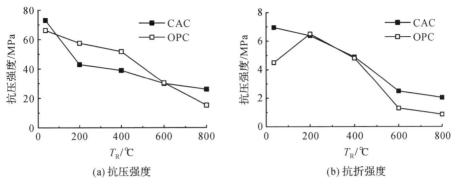

图 4.1 高温对精细混凝土力学性能的影响

4.3.2 类型 1 试件的高温后弯曲性能

纤维编织网经环氧浸渍的 CAC 薄板（类型 1 试件）的四点弯曲试验结果见表 4.1,对照组 OPC 薄板的试验数据见第 3 章中的表 3.3。各试件对应的荷载—跨中位移曲线见图 4.2。由于当 $T_R = 400℃$ 时,所有试件均发生碎裂而丧失承载力,故这些试件并未列于表 4.1 中。由图 4.2 可知,类型 1 试件的 OPC 薄板和 CAC 薄板在常温下的极限承载力较高,经 200℃ 高温处理后,前者承载力略有下降,而后者承载力下降幅度较大。薄板承载力下降主要是由于浸渍纤维编织网的环氧树脂以及稀释剂二甲苯在高温作用下性能的劣化直接影响了纤维编织网和基体混凝土之间的界面黏结性能。常温下 CAC 薄板的初裂荷载明显高于 OPC 薄板,而在 200℃ 高温处理后,OPC 薄板的初裂荷载超过 CAC 薄板,该规律与图 4.1 中基体抗折强度趋势类似。此外,由图 4.2 可知,同类试件在经过相同的高温处理后对应的荷载—跨中位移曲线较为吻合,表明无论采用何种胶凝材料为基体,该种类型 TRC 薄板的力学性能较为稳定,离散性较小。

表 4.1 纤维编织网经环氧浸渍的 CAC 薄板四点弯曲试验结果

试件编号	目标温度/℃	初裂荷载/N	初裂挠度/mm	极限荷载/N	极限荷载对应挠度/mm	破坏后裂缝数目
CAC-RT-1(EP)	常温	793	0.49	2406	15.6	6
CAC-RT-2(EP)	常温	720	0.23	2433	16.1	8
CAC-200℃-1(EP)	200℃	589	0.55	1679	15.9	7
CAC-200℃-2(EP)	200℃	586	0.64	1772	18.2	9

注:EP 表示纤维编织网经环氧浸渍处理;常温表示仅经过 35℃恒温 3h 烘干。

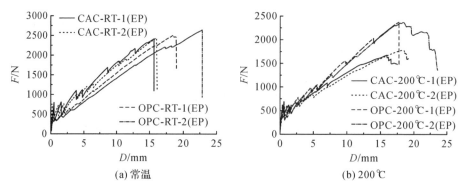

图 4.2　纤维编织网经环氧浸渍的 TRC 薄板的荷载—跨中位移曲线

　　无论是 OPC 薄板还是 CAC 薄板,类型 1 试件常温下破坏时均呈现明显的脆性破坏特征,薄板在达到极限荷载时没有明显的破坏征兆,纤维编织网和基体混凝土之间易发生界面剥离[如图 4.3(a)所示,图中仅给出了 CAC 薄板的结果]而导致承载力陡降(图 4.2)。$T_R = 400$ ℃时,试件内部环氧树脂发黑,试件均发生碎裂现象,薄板侧面沿界面发生剥离破坏,导致试件碎裂丧失完整性而达到耐火极限,破坏形态如图 4.3(b)所示。试件发生碎裂的主要原因与第 3 章所述相同,即由环氧树脂性能劣化和稀释剂二甲苯在高温下发生反应产生气体造成。综上,无论采用何种胶凝材料作为基体,类型 1 试件高温后破坏形态相似,最高承受温度为 200 ℃,且易产生有毒气体,因此该种类型的 TRC 薄板不宜直接作为面板结构应用到实际工程中,需进行一定的改进。

(a) CAC-RT　　　　　　　　　　　(b) CAC-400 ℃

图 4.3　纤维编织网经环氧浸渍的 CAC 薄板的破坏形态

4.3.3　类型 2 试件的高温后弯曲性能

纤维编织网未浸渍环氧的 CAC 薄板(类型 2 试件)的四点弯曲试验结果见

表 4.2,对照组 OPC 的试验数据见第 3 章中的表 3.4,各试件对应的荷载—跨中位移曲线见图 4.4。随着温度升高,该类型所有 TRC 薄板的极限承载力大致呈下降趋势。常温下,无论采用何种胶凝材料为基体,类型 2 试件的 CAC 和 OPC 薄板的极限承载力相差不大。当目标温度 $T_R = 600℃$ 时,试件的初裂荷载和极限荷载均大幅降低。较 OPC 薄板而言,CAC 薄板承载力的优势主要体现在 $T_R \geqslant 600℃$ 时,与图 4.1 中的规律相吻合。由图 4.4 可知,与 OPC 薄板相比,除 $T_R = 400℃$ 时两者开裂后刚度大致相同外,其余情况下 CAC 薄板开裂后刚度更高,在变形相同的情况下承载力更高,特别是在 $T_R \geqslant 600℃$ 的情况下。这表明与 OPC 薄板相比,CAC 薄板中纤维束和基体混凝土之间机械咬合力较高,有利于两者之间界面黏结力的增加,从而减少纤维束和基体之间的界面滑移,保证两者之间应力的有效传递。高温作用后,OPC 薄板界面黏结力下降幅度较 CAC 薄板更大。

表 4.2　纤维编织网未浸渍环氧的 CAC 薄板四点弯曲试验结果

试件编号	$T_R/℃$	初裂荷载/N	初裂挠度/mm	极限荷载/N	极限荷载对应挠度/mm	破坏后裂缝数目
CAC-RT-1	常温	825	0.60	1341	9.6	5
CAC-RT-2	常温	789	0.89	1381	9.3	6
CAC-200℃-1	200℃	537	0.25	1226	10.2	6
CAC-200℃-2	200℃	566	0.26	1354	10.8	5
CAC-400℃-1	400℃	407	1.40	1028	12.8	11
CAC-400℃-2	400℃	371	1.50	1082	13.4	12
CAC-600℃-1	600℃	<100	—	372	7.7	3
CAC-600℃-2	600℃	<100	—	401	9.1	3
CAC-800℃-1	800℃	<100	—	423	15.0	5
CAC-800℃-2	800℃	<100	—	393	12.7	3

注:常温表示经过 35℃恒温 3h 烘干;"—"表示试验开始时已有细微裂缝,无法判断初裂挠度或裂缝数目。

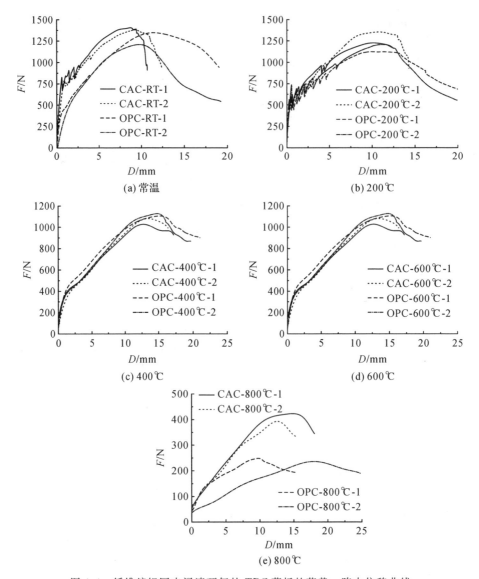

图 4.4　纤维编织网未浸渍环氧的 TRC 薄板的荷载—跨中位移曲线

由第 3 章的分析可知,随着目标温度的升高,OPC 薄板的初裂荷载呈先增大后减小趋势。由表 4.2 可以看出,CAC 薄板的初裂荷载则随着目标温度的升高逐渐减小;两者初裂挠度均呈现先变小后变大趋势。初裂荷载的变化规律与图 4.1 中抗折强度的变化规律类似,表明 TRC 薄板初裂荷载的大小与基体抗折强度密切相关。$T_R = 600℃$ 时,OPC 薄板在加载前表面即出现较多的细微裂缝[图 4.5(a)],

而 CAC 薄板表面的肉眼可观的细微裂缝较少[图 4.5(b)]。$T_R = 800℃$ 时,OPC 薄板表面甚至出现疏松和剥落现象,试件破坏后的裂缝短小且不连贯[图 4.5(c)],而此时 CAC 薄板并未出现表面疏松和剥落现象,混凝土依然保持致密,试件破坏后的裂缝形态连续通贯[图 4.5(d)]。说明在 $T_R \geqslant 600℃$ 的高温作用后,CAC 薄板纤维束和基体之间的界面黏结性能强于 OPC 薄板,并直接反映到试件的承载力水平上。这是由于高铝水泥的水化产物中不含 $Ca(OH)_2$,也没有 $Ca(OH)_2$ 受热分解后生成的 CaO 吸收水分所产生的体积效应。此外,在高温作用下,硅酸盐水泥硬化后残留的熟料中还可能有 $\alpha\text{-}C_2S$ 向 $\beta\text{-}C_2S$ 转化所引起的体积变化,而高铝水泥则不会发生这种变化。因此,高温后以高铝水泥为主要胶凝材料的试件形态以及承载力水平保持较好[6]。

(a) OPC,T_R=600℃

(b) CAC,T_R=600℃

(c) OPC,T_R=800℃

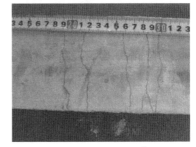
(d) CAC,T_R=800℃

图 4.5 纤维编织网未浸渍环氧的 TRC 薄板在不同高温处理后的表观形态

综上可知,无论采用何种胶凝材料作为基体,类型 2 试件破坏时均呈现出较好的延性特征,破坏形式为纤维束与基体的黏结滑移破坏。由于建筑墙板规范[7]对用作非承重墙体等结构的板件承载力要求并不高,其弯曲承载力只需能够承受 1.5 倍自重,类型 2 薄板的承载力能够满足工程应用的要求,因此高温后完整性保持较好的类型 2 薄板更适宜运用到实际工程中。

4.3.4 目标温度对 TRC 薄板极限承载力的影响

OPC 薄板和 CAC 薄板的极限承载力与目标温度 T_R 的关系如图 4.6 所示,图中分别绘制了各目标温度下两个试件的承载力平均值的趋势线。由图 4.6 可知,$T_R \leq 200℃$ 时类型 1 试件的承载力明显高于类型 2 试件,但当 T_R 达到 400℃时,类型 1 试件丧失完整性的概率为 100%。类型 2 试件的承载力在 $T_R \leq 400℃$ 时变化不大,当 T_R 达到 600℃后承载力明显下降,承载力下降的转折点位于 400～600℃。$T_R = 800℃$时,类型 2 试件的 CAC 薄板和 OPC 薄板的平均承载力仍分别能达到常温下的 32% 和 20%,且试件丧失完整性概率为 0。

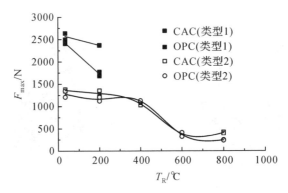

图 4.6　目标温度对 CAC 壁板和 OPC 薄板极限承载力的影响

为了直观比较不同胶凝系统下 TRC 薄板的耐高温性能,图 4.7 给出了不同目标温度下 CAC 薄板与 OPC 薄板承载力的比值。由图 4.7 可知,对于类型 2 试件,$T_R \leq 600℃$ 时,CAC 薄板的承载力与 OPC 薄板相差不大;而当 $T_R = 800℃$时,CAC 薄板的承载力为 OPC 薄板的 1.7 倍,说明在此温度下,以高铝水泥为基体的 TRC 薄板的耐高温性能更佳,高铝水泥良好的耐火性能得以充分发挥。根据 GB 50016—2014《建筑设计防火规范》(2018 年版)[8]的要求和 ISO834 标准升温曲线对实际火灾下室内空气升温过程的模拟[9],房间隔墙耐火等级为一级和二级时所对应的温度分别为 882℃ 和 821℃,因而试件在 $T_R = 800℃$时的承载力具有代表性。基于此原因,CAC 薄板在墙体等构件的应用中更具优势。另外,利用高铝水泥作为 TRC 薄板的基体材料也有利于提高构件的耐久性[10]。

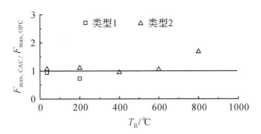

图 4.7 不同目标温度下 CAC 薄板与 OPC 薄板承载力的比值

4.3.5 TRC 薄板开裂状态比较

在弯曲荷载作用下,类型 1 和类型 2 试件的 TRC 薄板在不同目标温度下均表现出多重开裂性能。本章主要关注两种类型的 CAC 薄板的裂缝开裂状态,以及 CAC 薄板和 OPC 薄板在开裂状态上的区别。两种类型的 OPC 薄板的裂缝分布图在第 3 章中已详细展示,本节不再给出。

试验结束后拍摄的部分 CAC 薄板开裂情况如图 4.8 所示,图中可以观察到 TRC 薄板在荷载作用下产生的多条裂缝。其中,类型 1 试件的 CAC 薄板的裂缝数目均在六条以上,呈现明显的多缝开裂特征,表明基体与纤维编织网之间能较好地协同受力。随目标温度的升高,类型 2 试件的 CAC 薄板的裂缝数目呈现先增多后减少的趋势,$T_R=400℃$时裂缝数目达到峰值。

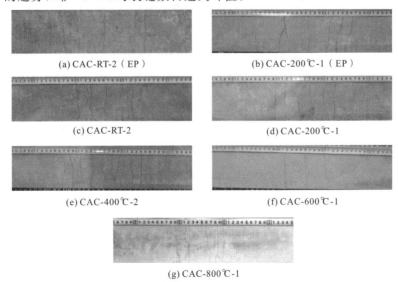

图 4.8 不同高温处理后 CAC 薄板的开裂状态

所有试件在不同目标温度的高温处理后的裂缝数目见图 4.9。由图 4.8 和图 4.9 可知,类型 2 试件中,常温下 CAC 薄板表面裂缝数目与 OPC 薄板相比较少,间距较大。$T_R = 200 \sim 400℃$ 时,CAC 薄板的裂缝状况与 OPC 薄板差别不大;$T_R \geqslant 600℃$ 时,CAC 薄板仍出现少量贯穿长裂缝,而 OPC 薄板出现大量不连续的细微裂纹(图 4.9 中未统计其裂缝数量)。依据裂缝间距理论[11],TRC 薄板弯曲破坏后的裂缝平均间距与基体材料的抗拉强度以及纤维束和基体混凝土之间的界面黏结性能相关:

$$l_m = 1.5 \frac{f_t A_t}{\tau_f \mu_f} \tag{4.1}$$

式中,f_t 为基体混凝土抗拉强度,A_t 为基体有效受拉面积,τ_f 为精细混凝土与纤维束的平均黏结应力,μ_f 表示纤维束的总周长。由图 4.1 可知,常温下 CAC 基体的抗折强度高于 OPC 基体,结合式(4.1),可以解释常温下 CAC 薄板表面裂缝间距明显大于 OPC 薄板的现象。值得注意的是,当 $T_R \geqslant 600℃$ 时,高温作用使得 CAC 基体的 f_t 与 τ_f 均发生退化,而 CAC 薄板裂缝间距也明显变大,式(4.1)说明,对于 TRC 薄板的高温后承载力而言,纤维束与基体之间界面黏结性能的下降比基体强度降低的效应更加显著。

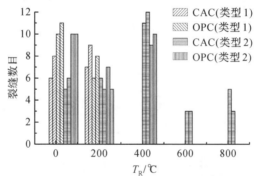

图 4.9　不同高温处理后所有 TRC 薄板的裂缝数目统计

4.4　试验结果机理分析

4.4.1　TRC 薄板基体的热重分析

物质在加热或冷却的过程中除了产生热效应外,往往伴随着质量的变化。

CAC 和 OPC 基体的热重分析(thermogravimetric,TG)曲线和差热分析(differential scanning calorimeter,DSC)曲线见图 4.10,其中 TG 曲线反应了基体的质量随温度升高而发生的变化,DSC 曲线则反应了基体在加热过程中内部能量变化所引起的吸热或放热反应。试样以 10℃/min 的速度升温,基体发生化学和物理变化的范围为 0～800℃。

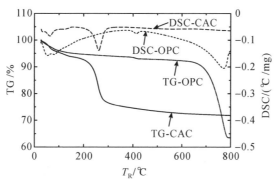

图 4.10 不同胶凝材料基体的热重分析曲线和差热分析曲线

从图 4.10 中可知,OPC 基体和 CAC 基体的质量损失变化规律和材料内部能量变化情况大不相同。0～600℃时,OPC 基体的质量损失呈缓慢下降趋势,600℃时,其质量损失率仅为 7.9%。但其 DSC 曲线中出现两个吸热峰值,分别对应 60～80℃和 400～420℃,出现第一个吸热峰的原因是 OPC 基体中自由水、吸附水的蒸发引起基体内部的能量变化,第二个吸热峰是由氢氧化钙开始发生脱水反应所引起的。当温度上升至 600～800℃时,OPC 薄板的质量损失率急剧增大至 37%,这是由水化产物 C-S-H 和碳酸钙的分解所引起的质量变化[12],在此区间伴随着明显的能量变化。

对于 CAC 基体而言,当温度低于 200℃时,试件的质量损失率主要来源于基体内部的自由水、水化产物和钙矾石中的结合水的释放,该阶段 CAC 基体的质量损失率略大于 OPC 基体。在 60～70℃时,DSC 曲线中出现了一个主要由自由水蒸发以及亚稳态的水化铝酸钙(CAH_{10}、C_2AH_3)逐渐脱水生成稳向的 C_3AH_6 引起的吸热峰。当温度在 200～300℃时,CAC 薄板质量损失率发生突变,由 7.6% 剧增为 23.1%,主要因为 C_3AH_6 在该温度范围内脱水生成 $C_3AH_{1.5}$ 导致试件质量发生明显变化。此外,在该温度范围内,DSC 曲线亦出现了一个明显的吸热峰,这是等轴晶系的 C_3AH_6 的脱水吸热峰,由于 CAH_6 中的水是配位水,故脱水温度较高[6]。当温度为 300～800℃时,试件质量变化较为平缓,最终质量损失率为

28.1%，小于 OPC 基体试件的最终质量损失率，表明 CAC 基体后期水化产物的分解程度远小于 OPC 基体，这也间接解释了图 4.1 中 $T_R = 800℃$ 时 CAC 基体强度高于 OPC 基体的现象。

4.4.2　TRC 薄板高温后的质量损失

不同目标温度的高温处理后 CAC 和 OPC 薄板的质量损失率见图 4.11，图中分别绘制了各目标温度下两个试件的平均质量损失率的趋势线。由图 4.11 可知，相同目标温度下，类型 1 试件的质量损失率大于类型 2 试件，表明浸渍纤维编织网的环氧树脂在高温作用下发生了物理和化学反应，使该类试件的质量损失率偏高。对于类型 2 试件，$T_R \leqslant 400℃$ 时，OPC 薄板和 CAC 薄板的质量损失速率均较快，质量损失率均随目标温度升高而迅速增大。基体内部大量自由水的挥发和水化产物中结晶水的分解是导致薄板质量损失的主要原因，CAC 基体的水化产物主要为 $Al(OH)_3$ 和 C_3AH_6[13]，OPC 基体的水化产物主要是硅酸钙水化物[14]。$T_R \geqslant 400℃$ 时，类型 2 试件中 OPC 薄板的质量损失率大于 CAC 薄板，这主要是由于 400℃ 时 OPC 基体中的氢氧化钙开始发生脱水反应，该反应在 600℃ 时基本结束[14]，而 CAC 基体在水化过程中未生成氢氧化钙。由图 4.11 的质量损失率可以推知，$T_R \geqslant 600℃$ 时 OPC 基体内部的热劣化比 CAC 基体更加严重。

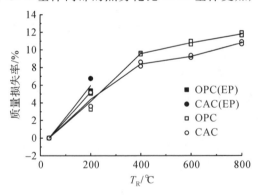

图 4.11　目标温度对薄板质量损失的影响

4.4.3　目标温度对基体孔隙率的影响

不同目标温度的高温处理后类型 2 试件的 OPC 和 CAC 薄板基体孔径—孔隙体积曲线见图 4.12，相应的材料微观孔隙参数见表 4.3。根据 Mehta[15] 的试验研究，半径小于 132nm 的孔隙对混凝土强度与渗透性无显著影响。因此，表 4.3 给出了以 132nm 为分界点时的孔径分布体积率。由表 4.3 可知,对于 OPC 薄板,随着目标温度的升高,孔隙体积峰值点对应的孔径和比体积逐步增大,特别是在 600~800℃,OPC 材料的孔隙平均直径增加了 5.6 倍,孔径大于 132nm 的有害孔增加了 58%,这说明高温处理使 OPC 基体材料发生了明显的孔隙粗化。孔隙平均直径和孔径体积率的变化意味着水泥基材料中孔隙结构网络连通性的提高,这将导致强度劣化降幅的增大。与 OPC 基体相比,CAC 基体材料比体积呈现逐步增大趋势,但孔径所对应的孔隙体积关系相对较乱,无明显规律。$T_R \leqslant 400℃$ 时,尚有孔隙体积峰值点对应的孔径逐步增大的现象,但当 $T_R \geqslant 600℃$ 时,则出现多个孔隙体积分布高峰,孔隙体积分布趋于均匀,孔径大于 132nm 的有害孔体积率甚至比 400℃时略微下降。$T_R = 600~800℃$ 时,CAC 基体的孔隙平均直径仅增加了 87%,有害孔隙体积率仅增加了 7.5%,表明高温作用对 CAC 基体的孔径分布体

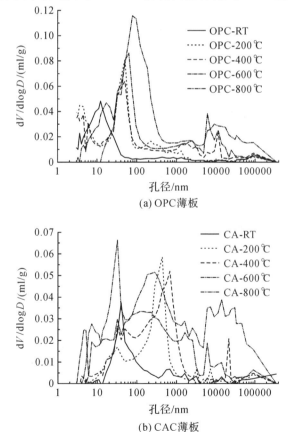

(a) OPC薄板

(b) CAC薄板

图 4.12　类型 2 试件的 OPC 薄板和 CAC 薄板基体孔径—孔隙体积曲线

积率影响不大,这与文献[15]所述的现象相吻合。$T_R \leqslant 600\,℃$时,CAC基体有害孔体积率大于OPC基体,表明前者水化产物分解形成孔隙粗化,大幅度提高了孔隙率。但当$T_R = 800\,℃$时,CAC基体的孔隙平均直径仅为OPC的28%。$T_R = 600 \sim 800\,℃$时,CAC基体孔隙结构演化较为缓慢,强度劣化降幅明显小于OPC基体,这也印证了CAC薄板在$T_R = 800\,℃$时强度具有较大优势的现象。

表4.3 不同目标温度的高温处理后 CAC 基体和 OPC 基体的微观孔隙参数

试件类型	比体积/ (mL · g^{-1})	孔隙率/%	平均直径/nm	孔隙体积峰值点/(mL · g^{-1})	对应孔径/nm	孔径分布体积率	
						0~132nm	>132nm
OPC-RT	0.0422	9.58	12.9	0.048	12.25	77.0	23.0
OPC-200℃	0.0683	14.54	14.9	0.081	50.34	74.4	25.6
OPC-400℃	0.074	15.45	19.3	0.064	50.34	61.9	38.1
OPC-600℃	0.0991	20.57	35.2	0.086	62.54	60.7	39.3
OPC-800℃	0.1393	27.64	232.5	0.116	77.09	38.0	62.0
CAC-RT	0.0255	6.01	66.1	0.037	40.27	59.3	40.7
CAC-200℃	0.0442	10.25	143	0.058	434.2	25.5	64.5
CAC-400℃	0.0624	14.14	87.6	0.052	678.4	29.9	70.1
CAC-600℃	0.0831	17.95	35.5	—	—	41.4	58.6
CAC-800℃	0.1477	28.15	66.3	—	—	37.0	63.0

注:"—"表示试样出现多个峰值点。

4.4.4 微观结构分析

为了更直观地了解试件高温后纤维编织网及基体混凝土的形态,采用 FEI Quanta 650 FEG 场发射环境扫描电镜及能谱仪观测板件的破坏断面。本章主要针对类型 2 试件的 CAC 薄板的破坏断面。类型 1 试件的环氧劣化和界面破坏状况与类型 2 试件的 OPC 薄板的破坏断面状况在第 3 章中已较详细地展示,本章不再涉及。

为了从材料层面研究 TRC 薄板高温后承载力下降的原因,分别观测基体和纤维束的微观形貌。图 4.13 展示了类型 2 试件的 CAC 薄板中主受力方向碳纤维束的微观形貌。当 $T_R \leqslant 600\,℃$时,碳纤维束的表面基本保持光滑;当 $T_R = 800\,℃$时,纤维束出现了较明显的表面缺陷,该现象与 OPC 薄板中纤维束的情况类似。这说明虽然高铝水泥混凝土的耐高温性能较好,但在 800 ℃高温下仍无法避免 TRC 薄板中的碳纤维性能发生退化。

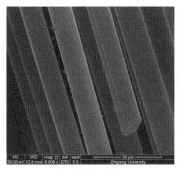
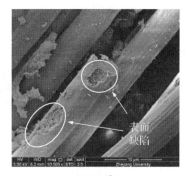

(a) 常温   (b) 800℃

图 4.13   CAC 薄板中纤维束在不同温度作用后的微观形貌

类型 2 试件的 CAC 薄板的基体混凝土在不同目标温度的高温处理后的微观形貌见图 4.14。当 $T_R = 800℃$ 时,CAC 基体形貌与常温时相比发生巨大改变,致密的结构逐渐变得松散,孔隙明显增多,说明高温后其性能发生劣化,直接削弱了纤维束与基体混凝土之间的界面黏结力。值得注意的是,与 OPC 基体不同,800℃高温处理后,CAC 基体中出现熔融前兆,这在一定程度上弥补了高温作用下产生的孔洞和缺陷。

(a) 常温   (b) 800℃

图 4.14   CAC 基体高温后的微观形貌

CAC 薄板在 T_R 为 200℃ 和 800℃ 时基体与纤维束黏结面的微观形貌见图 4.15。从图中可以明显观察到,$T_R = 200℃$ 时,基体与纤维束之间黏结紧密,TRC 薄板具有较好的承载力。但 $T_R = 800℃$ 时,两者的黏结结合已由紧密转向稀松,界面孔隙增大,渗透于纤维束之间的基体甚至有剥落趋势,导致薄板承载力下降。

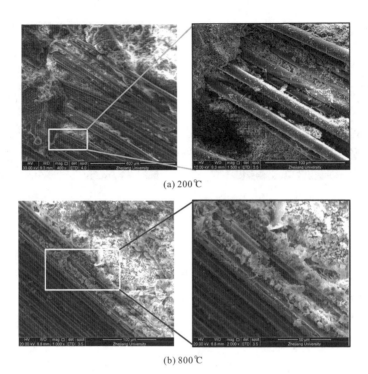

(a) 200℃

(b) 800℃

图 4.15 CAC 薄板中基体与纤维束黏结面的微观形貌

为了比较 $T_R = 800℃$ 时，CAC 基体与 OPC 基体的劣化程度，相同放大倍数下 CAC 和 OPC 基体混凝土在 800℃ 高温处理后粉煤灰附近的微观形貌见图 4.16。由图 4.16 可知，OPC 基体中粉煤灰与胶凝材料结合面上的裂纹宽度明显比 CAC 基体大，OPC 基体热劣化明显比 CAC 基体严重，这也解释了 $T_R = 800℃$ 时 OPC 薄板与 CAC 薄板承载力上的差别。此外，由图 4.16(a)可知，高铝水泥的水化产物在高温下具有烧结性能，弥补了因水化产物的组成与结构变化造成的强度损失[16]。

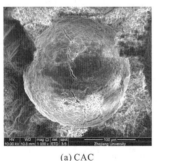

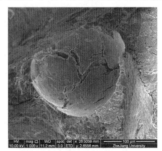

(a) CAC   (b) OPC

图 4.16 CAC 和 OPC 基体混凝土在 800℃ 高温处理后粉煤灰附近的微观形貌

综上,无论采用何种胶凝材料,在高温诱发的物理和化学作用下,TRC薄板的微观结构都将发生明显变化,主要表现在纤维束表面缺陷增多、混凝土孔隙粗化开裂、纤维束与基体材料间界面黏结性能退化等三方面。当 $T_R = 800℃$ 时,若采用高铝水泥作为主要胶凝材料,基体的热劣化程度可有效减缓,TRC薄板的承载力将有所改善。

4.5 本章小结

本章采用URT试验方法,分别对采用不同胶凝材料为基体的TRC薄板进行不同目标温度的高温处理,并对高温处理后的TRC薄板构件进行四点弯曲试验。通过热重-差热分析试验、压汞分析试验,以及SEM试验,研究高温后基体内部的质量损失率、微观孔隙分布情况和板件破坏断面的微观形貌。通过上述研究,得到以下结论。

(1)随着目标温度升高,与OPC基体相比,CAC基体的抗压强度和抗折强度的变化趋势有所不同。当 $T_R \geqslant 400℃$ 时,抗压强度下降幅度变缓;当 $T_R \geqslant 600℃$ 时,抗折强度下降幅度变缓。

(2)无论采用何种胶凝材料,类型1试件的TRC薄板的极限承载力虽较高,但破坏时呈现明显的脆性破坏特征,且当 T_R 达到400℃时,丧失完整性概率为100%,因此不宜应用于对防火等级要求较高的实际工程中,如何解决其高温下的碎裂问题,将是今后研究的重点。

(3)无论采用何种胶凝材料,类型2试件的TRC薄板的极限承载力均低于相应的类型1试件的TRC薄板,但其在破坏过程中表现出较为明显的延性破坏特征,在高温作用下不会发生碎裂。特别是当 $T_R = 800℃$ 时,CAC薄板的承载力仍能达到常温下的32%。

(4)对于类型2试件的TRC薄板,当 $T_R \leqslant 600℃$ 时,CAC薄板的承载力与OPC薄板的差异不大;当 $T_R = 800℃$ 时,CAC薄板的承载力约为OPC试薄板的1.7倍,且并未如OPC薄板一样出现表面疏松和剥落等现象。无论在外观还是承载力水平上,以高铝水泥TRC薄板的耐高温性能更佳。

(5)随着目标温度的升高,CAC薄板的宏观贯穿裂缝数目呈现先增多后减少的趋势,$T_R = 400℃$ 时裂缝数目达到峰值;$T_R \geqslant 600℃$ 时,CAC薄板仍出现少量贯穿长裂缝,而OPC薄板则出现大量不连续的细微裂纹。

(6)通过热重-差热分析可知,OPC 基体和 CAC 基体的质量损失变化规律和材料内部能量变化情况大不相同,分别在 600~800℃和 200~300℃发生质量损失突变,并伴随着相应的能量变化。最终,CAC 基体的质量损失率小于 OPC 基体,表明其后期水化产物的分解程度小于 OPC 基体。

(7)随着目标温度升高,OPC 基体孔隙体积峰值点对应的孔径逐步变大,600~800℃时,OPC 基体的孔隙平均直径增加了 5.6 倍。$T_R = 800℃$ 时,CAC 基体的孔隙平均直径仅为 OPC 基体的 28%;600~800℃时,CAC 基体孔隙平均直径仅增加了 87%,强度劣化降幅明显小于 OPC 基体。

(8)通过微观结构观测可以发现,无论采用何种胶凝材料,TRC 薄板在高温作用后均会出现纤维束表面缺陷增多、混凝土孔隙粗化开裂、纤维束与基体材料间界面黏结性能退化等现象,造成薄板承载力下降。$T_R = 800℃$ 时,采用高铝水泥作为主要胶凝材料可有效减缓基体的热劣化程度。

另外,高铝水泥的主要水化产物 CAH_{10} 和 C_2AH_8 是亚稳相,具有逐步转化为稳定相 C_3AH_6 和 AH_3 的趋势,这是一个自发的过程,并且不可逆,这种晶型转变会导致水泥石后期强度缓慢降低。如何对 CAC 基体进行适当改进,以降低其后期强度退化的影响,使之更加适用于实际工程,尚有待于进一步研究。

参考文献

[1] Blom J, van Ackeren J, Wastiels J. Study of the bending behavior of textile reinforced cementitious when exposed to high temperatures[C]//Second International RILEM Conference on Strain Hardening Cementitious Composites. Brazil: Rio de Janeiro, 2011:233-240.

[2] Rambo D A S, Silva F D A, Filho R D T, et al. Effect of elevated temperatures on the mechanical behavior of basalt textile reinforced refractory concrete[J]. Materials and Design, 2015, 65:24-33.

[3] 孙洪梅,王立久,曹明莉. 高铝水泥耐火混凝土火灾高温后强度及耐久性试验研究[J]. 工业建筑, 2003, 33(9):60-62.

[4] Mostafa N Y, Zaki Z I, Elkader O H A. Chemical activation of calcium aluminate cement composites cured at elevated temperature[J]. Cement and Concrete Composites, 2012, 34(10):1187-1193.

[5] Brameshuber W, Broekmann T. Calcium aluminate cement as binder for textile reinforced concrete[C]//Proceedings of the International Conference on Calcium Aluminate Cements (CAC), London: IOM Communications. 2001:659-666.

［6］ 谢英,侯文萍,王向东.差热分析在水泥水化研究中的应用[J].水泥,1997,(5):44-47.

［7］ 中华人民共和国国家质量监督检验检疫总局.GB/T 23451—2009 建筑用轻质隔墙条板[S].北京:中国标准出版社,2009.

［8］ 中华人民共和国住房和城乡建设部.GB 50016—2014 建筑设计防火规范(2018 年版)[S].北京:中国计划出版社,2018.

［9］ International Standard ISO 834. Fire-Resistance Tests Elements of Building Construction [S]. Amendment 1,Amendment 2,1980.

［10］ Theler R. Fibre-Reinforced Cement Composites[R]. London:Cement and Concrete Association,1973.

［11］ Yin S, Xu S, Li H. Improved mechanical properties of textile reinforced concrete thin plate [J]. Journal of Wuhan University of Technology:Materials Science Edition,2013,28(1):92-98.

［12］ 罗百福.高温下活性粉末混凝土爆裂规律及力学性能[D].哈尔滨:哈尔滨工业大学,2014.

［13］ Schmitt N, Hernandez J F, Lamour V, et al. Coupling between kinetics of dehydration, physical, and mechanical behaviour of high-alumina castable[J]. Cement and Concrete Research,2000,30(10):1597-1607.

［14］ 付宇方,唐春安.水泥基复合材料高温劣化与损伤[M].北京:科学出版社,2012.

［15］ Mehta P K. Structure, Performance and Material of Concrete[M]. Shanghai:Tongji University Press,1991.

［16］ Turrillas X. The dehydration of calcium aluminate hydrates investigated by neutron thermodiffractometry[C]//Proceeding of the International Conference on Calcium Aluminate Cements. Scotland:UK,2001:517-531.

第 5 章　外掺短切纤维的 TRC 薄板弯曲力学性能试验

5.1　概　述

　　尽管当前关于 TRC 材料的研究日趋成熟,但 TRC 构件仍存在一些不可忽视的局限性。一方面,从结构安全角度出发,在荷载作用下,TRC 构件呈现多缝开裂破坏特征,构件达到极限承载力时,对应的裂缝宽度和挠度较大,而在实际工程应用中,构件的变形受到限制,这将降低 TRC 构件的承载力设计值[1];另一方面,从构件受力角度出发,TRC 构件开裂后基体不再传递荷载,易造成裂缝附近的纤维编织网与基体界面因应力集中而出现脱黏现象,不利于充分发挥纤维编织网的极限承载能力[2]。

　　为了解决上述问题,近年来,一些学者试图利用短切纤维混凝土优良的韧性来提高 TRC 构件的抗裂能力。Barhum 等[1,3]分别研究了外掺不同短切纤维和不同短切玻璃纤维形态(分散或成束状)对 TRC 薄板力学性能的影响。Butler 等[4]比较了外掺 6mm 和 12mm 的短切玻璃纤维的 TRC 薄板拉伸性能,结果表明,短切纤维体积掺量为 0.2%～0.6%时,纤维长径比越大增强效果越好,掺量越多荷载传递越连续。Hinzen 等[5]则研究了外掺短切玻璃纤维、碳纤维、芳纶纤维和聚乙烯醇纤维的 TRC 试件的拉伸性能,发现外掺短切纤维均能有效提高薄板的初裂荷载,其中外掺短切玻璃纤维和短切碳纤维组效果最好。

　　国内关于外掺短切纤维的 TRC 构件力学性能的研究相对较少,且仅限于外掺 PVA 纤维与聚丙烯纤维。李庆华等[2]结合 PVA 短纤维增强超高韧性水泥基复合材料和 TRC 两种材料的优点,通过四点弯曲试验,研究了纤维编织网表面处理方法、水胶比及 PVA 短纤维掺量对碳纤维编织网增强 ERC 材料的裂缝控制能力和承载能力的影响,结果表明,两种材料的结合可以显著提高构件的韧性和控裂能力。尹世平等[6]通过四点弯曲试验研究了外掺短切聚丙烯纤维的 TRC 薄板的力学性能,发现当聚丙烯纤维的掺量略低于 $1\text{kg}/\text{m}^3$ 时,能有效提高薄板试件的开裂后刚度,降低裂缝宽度,并使混凝土的抗剥离能力得到提高。戴清如等[7]和 Xu 等[8]的研究分别表明,外掺短切聚丙烯纤维在一定程度上有助于改善 TRC 薄板常温或高温后的弯曲承载力。

总体而言,国内外对外掺短切纤维的 TRC 构件的力学性能研究较为缺乏,且多以拉伸性能的研究为主。另外,钢纤维混凝土具有比普通混凝土更高的强度和抗冲击韧性,但目前关于将短切钢纤维与 TRC 构件进行复合的尝试未见文献报道。因此,为了对外掺不同种类短切纤维的 TRC 薄板弯曲力学性能进行系统研究,并着重探究钢纤维对 TRC 构件的增强作用,本章分别对外掺短切钢纤维、碳纤维、聚丙烯纤维、玄武岩纤维,以及复掺钢纤维与聚丙烯纤维的 TRC 薄板进行四点弯曲试验,并对比分析了纤维编织网浸胶处理、水灰比、短切纤维种类和掺量,以及钢纤维长径比对 TRC 薄板承载能力和裂缝行为的影响。在此基础上,采用环境扫描电镜及能谱仪观测了短切纤维和纤维编织网在基体混凝土中的微观形貌,以进一步探究不同种类的短切纤维对 TRC 薄板的增强机理。

5.2　试验概况

5.2.1　试验材料

基体混凝土配比见表 5.1,其中类型 1 试件的配比与第 2 章表 2.1 中的对照组精细混凝土试件 P 的配比相同,类型 2 试件的配比则在此基础上适当降低水的用量,形成一组水胶比较低的配比,以考察水胶比的影响。外掺的短切纤维的力学及几何特征参数见表 5.2,6mm 钢纤维和玄武岩纤维的形态如图 5.1 所示,其余种类的纤维形态见图 2.2。

表 5.1　基体精细混凝土的组分及比例　　　　　（单位:$\text{kg}\cdot\text{m}^{-3}$）

类型	水泥	粉煤灰	硅灰	水	水胶比	减水剂	石英砂
1	472	168	35	262	0.39	3.25	1380
2	472	168	35	230	0.34	3.25	1380

表 5.2　短切纤维力学及几何特征参数

短切纤维种类	纤维形态	长度/mm	密度/(g·cm⁻³)	等效直径/μm	抗拉强度/MPa	弹性模量/GPa	极限应变/%
钢纤维	纤维丝	13,6	7.80	220	2700	206	—
碳纤维	纤维丝	12	1.70	7～8	3600～3800	220～240	1.5
聚丙烯纤维	纤维束	9	0.91	18～48	≥500	≥3.85	10～28
玄武岩纤维	纤维丝	12	2.63	10～15	3000～4800	110	—

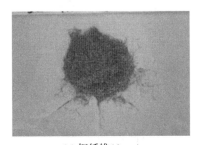

　　(a) 钢纤维(6mm)　　　　　　　(b) 玄武岩纤维(12mm)

图 5.1　部分短切纤维形态

5.2.2　试验方案

　　本次试验分别考察了短切纤维种类、体积掺量、纤维编织网浸胶处理、水胶比、钢纤维长径比等因素对外掺短切纤维后 TRC 薄板弯曲性能的影响,并与未掺短切纤维的普通 TRC 薄板进行比较,试验方案详见表 5.3。

表 5.3　试验方案

短切纤维种类	试件编号	短切纤维长度/mm	水胶比	是否浸渍环氧树脂	体积掺量/%
—	1-OPC(EP)	—	0.39	是	—
钢纤维	2-S50(EP)	13	0.39	是	0.5
碳纤维	3-C50(EP)	12	0.39	是	0.5
聚丙烯纤维	4-P10(EP)	9	0.39	是	0.1
—	5-OPC	—	0.39	否	—
钢纤维	6-S50	13	0.39	否	0.5
钢纤维	7-S100	13	0.39	否	1.0
碳纤维	8-C50	12	0.39	否	0.5
碳纤维	9-C100	12	0.39	否	1.0
聚丙烯纤维	10-P10	9	0.39	否	0.1

短切纤维种类	试件编号	短切纤维长度/mm	水胶比	是否浸渍环氧树脂	体积掺量/%
聚丙烯纤维	11-P15	9	0.39	否	0.15
钢纤维,聚丙烯纤维	12-S100P10	13,9	0.39	否	1.0,0.1
钢纤维,聚丙烯纤维	13-S100P15	13,9	0.39	否	1.0,0.15
玄武岩纤维	14-B50	12	0.39	否	0.5
玄武岩纤维	15-B100	12	0.39	否	1.0
—	16-OPC(L)	—	0.34	否	—
钢纤维	17-S100(L)	13	0.34	否	1.0
钢纤维	18-S100(LS)	6	0.34	否	1.0

注:试件编号中括号内的 EP 表示纤维编织网经环氧树脂浸渍处理,L 表示低水胶比的试件,S 表示长度更短(6mm)的短切纤维。

试件制作采用铺网-注浆法,先将基体混凝土按照配比搅拌均匀,加入短切纤维,再浇筑到已布设好纤维网的模具中。四点弯曲试验测试内容与第 3 章中相同,此处不再赘述。

5.3　试验结果与分析

5.3.1　荷载—跨中位移曲线

所有荷载—位移曲线横坐标为 LVDT 测得的跨中位移 D,纵坐标为荷载值 P。由于四点弯曲加载头具有一定质量,故曲线的起始点略高于原点。为节省试验时间,试验在荷载到达峰值后明显下降时即停止加载。下面根据影响因素的不同分别对不同试件的荷载—位移曲线进行比较分析。

5.3.1.1　纤维编织网浸胶处理的影响

纤维编织网浸渍环氧树脂对掺加相同种类短切纤维的 TRC 薄板弯曲性能的影响比较如图 5.2 所示。由图可知,纤维编织网浸渍过环氧树脂的 TRC 薄板极限承载力大幅高于未浸渍的薄板,试件 1-OPC(EP)的承载力比 5-OPC 提高了 96%,这是由于纤维束经环氧浸渍后形成一个整体,明显改善了纤维编织网与基体之间的黏结性能。同样地,浸胶处理分别使外掺短切钢纤维、碳纤维和聚丙烯纤维的试件承载力提高了 31%、61% 和 105%,这表明外掺短切纤维的 TRC 薄板承载力仍主要依赖于纤维编织网与基体之间的黏结性能。

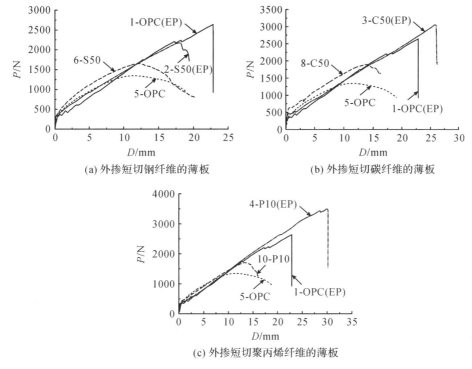

(a) 外掺短切钢纤维的薄板   (b) 外掺短切碳纤维的薄板

(c) 外掺短切聚丙烯纤维的薄板

图 5.2   纤维编织网浸胶处理的影响

由图 5.2(a)可知,试件 2-S05(EP)较 1-OPC(EP)承载力略有下降,而试件 6-S50较 5-OPC 承载力略有提高,这种现象与图 5.2(b)和图 5.2(c)中的规律不一致。可能的原因是,纤维束未浸渍环氧时,即使是外部纤维丝,也无法与基体完全黏结,如图 5.3(a)所示,这时部分紧靠纤维束的短切纤维丝起到了"交联键"的作用,阻止纤维束与基体间的相对滑移,增强了黏结性能[3]。而浸渍过环氧的纤维束与基体紧密结合,当乱向分布的纤维丝所处的位置如图 5.3(b)所示时,短切纤维类似存在于黏结界面上的缺陷,不利于构件的极限承载力。由于钢纤维丝直径达到碳纤维丝的 30 倍以上,该种削弱作用较为明显,导致承载力的下降幅度可能会超过其控裂作用对承载力的贡献。而碳纤维丝和聚丙烯纤维丝的直径较小,削弱作用不明显,故其控裂增韧作用对构件承载力的贡献远远大于该种削弱作用,造成上述看似矛盾的现象。

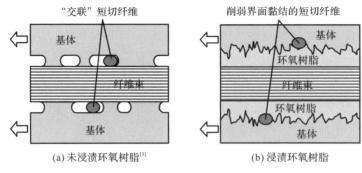

(a) 未浸渍环氧树脂[3]　　　　　　(b) 浸渍环氧树脂

图 5.3　短切纤维在黏结界面上的作用机理

此外,未浸胶处理的试件荷载—位移曲线的下降段较缓,这是由于基体砂浆不能完全浸至纤维束内部,只有外层纤维粗纱能与基体形成一定的黏结,并通过摩擦传力于内层粗纱,薄板受力过程中内外层纤维丝无法协同受力,内层纤维丝被依次拔出,试件承载力缓慢下降,发生黏结滑移破坏。浸胶处理的试件荷载—位移曲线下降段较陡,则是由于试件承载力达到峰值时,主裂缝处的短切碳纤维、聚丙烯纤维均已被拉断或拔出,若主裂缝继续扩展,纤维编织网与基体混凝土之间会突然发生界面黏结破坏;而掺加短切钢纤维能显著减缓此类试件的破坏过程,如图 5.2(a)中的 2-S50(EP)试件,由于钢纤维的抗拉强度很高,主裂缝处的钢纤维不易被拉断,只能随着裂缝宽度增大被缓慢拔出,试件承载力逐步下降,呈现出较好的延性。

5.3.1.2　水胶比的影响

图 5.4 展示了不同水胶比的情况下 TRC 薄板的弯曲性能,其中试件 5-OPC 与 7-S100 的水胶比为 0.39,试件 16-OPC(L)与 17-S100(L)的水胶比降低至 0.34。由图 5.4 可知,水胶比降低后普通 TRC 薄板承载力增大了 28%,外掺 1% 钢纤维

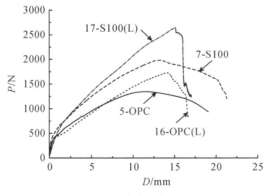

图 5.4　水胶比的影响

的薄板承载力增大了33%,承载力均显著增大,且后者承载力增长幅度更高,说明水胶比为0.34时更有利于短切钢纤维增强作用的发挥。但水胶比降低后薄板的极限变形能力下降较多,尤其是试件17-S100(L)的极限挠度比7-S100降低了约5mm,这对构件的延性带来不利影响。

5.3.1.3 外掺不同种类短切纤维的对比

这里对比在合理掺量范围内外掺不同种类短切纤维对TRC薄板承载力的影响,旨在研究外掺何种短切纤维最有利于TRC构件承载力的提高。每组对比中钢纤维、碳纤维和玄武岩纤维掺量相同,均为5%或10%[1]。但聚丙烯纤维掺量不宜过多,否则其增稠作用和弱界面效应会对混凝土强度产生不利影响,适宜的掺量在0.1%左右[6],且聚丙烯纤维掺量过多易造成试件浇筑时难以成型,因此每组对比中聚丙烯纤维掺量均取0.1%。

图5.5(a)比较了在合理掺量范围内外掺不同种类的短切纤维对纤维编织网浸渍环氧树脂的TRC薄板弯曲力学性能的影响。外掺短切纤维对该类型薄板的开裂后刚度几乎无影响;外掺体积掺量0.5%的碳纤维和体积掺量0.1%的聚丙烯纤维能较好地提高该类型薄板的极限承载力,提高幅度分别为16%和32%,薄板的极限变形能力也相应地提高;而外掺短切钢纤维组试件的极限承载能力下降了18%,出现这种现象的原因上文已进行分析,此处不再赘述。

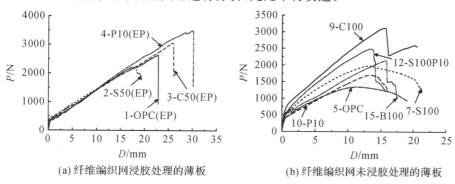

(a) 纤维编织网浸胶处理的薄板　　(b) 纤维编织网未浸胶处理的薄板

图5.5　外掺不同种类短切纤维的弯曲力学性能对比

图5.5(b)比较了外掺不同种类的短切纤维对纤维编织网未浸胶的TRC薄板弯曲力学性能的影响,并增加了复掺钢纤维与聚丙烯纤维的试件以寻求更优化的纤维组合。与浸胶的薄板不同,外掺短切纤维对该类型薄板的开裂后刚度影响很大。对于该类型的TRC薄板,碳纤维的增强效果较佳,试件9-C100较5-OPC承载力提高幅度达132%;复掺钢纤维与聚丙烯纤维试件12-S100P10承载力提高幅

度达 86％；单掺钢纤维、聚丙烯纤维、玄武岩纤维的试件承载力提高幅度分别为 47％、27％和 59％。

以上结果说明短切纤维的加入有助于纤维编织网与精细混凝土之间的应力传递，使该类型薄板内部的应力分布更加均匀，进而提高其承载力。短切碳纤维对薄板承载力提高幅度最大，可能由于碳纤维丝直径较小，在相同体积掺量的情况下能够形成较多如图 5.3(a)所示的"交联作用"。试验所用的精细混凝土流动性较好，钢纤维表面光滑，与基体之间的黏结性能不如碳纤维，增强作用未得到充分发挥，也导致外掺钢纤维的试件承载力稍低。此外，玄武岩纤维单丝直径略大于碳纤维单丝，但外掺玄武岩纤维的试件 15-B100 中精细混凝土的流动性较差，容易造成基体未能充分浸渍纤维编织网，影响增强效果。

在试件 7-S100 的基础上复掺聚丙烯纤维后，试件 12-S100P10 的承载力明显提高，但极限变形能力也下降较大，接近于试件 10-P10。这反映出两种短切纤维共同作用的机理较为复杂，对薄板强度与刚度的影响并不是简单的叠加关系。

5.3.1.4　短切纤维掺量的影响

图 5.6 比较了短切纤维掺量对纤维编织网未浸胶处理的 TRC 薄板弯曲性能的影响。外掺短切纤维后，试件承载能力均有可观的改善。由图 5.6(a)、图 5.6(b)和图 5.6(e)可知，体积掺量为 0.5％和 1.0％钢纤维的薄板，承载力提高幅度分别为 23％和 47％，外掺碳纤维的薄板承载力提高幅度分别为 41％和 132％，外掺玄武岩纤维的薄板承载力提高幅度分别为 68％和 59％。短切钢纤维和碳纤维的掺量越多，薄板承载力和开裂后刚度提升越大，能量吸收率越大，表明在此掺量范围内碳纤维具有较好的增强、增韧效果。但玄武岩掺量越多，薄板初裂荷载和极限承载力反而下降，可能的原因是有较多的玄武岩纤维在基体中容易成束结团，分布不均，影响薄板的力学性能；试件 15-B100 中精细混凝土的流动性较差，造成纤维编织网与基体之间的界面黏结性能较差。

由图 5.6(c)可见，较试件 5-OPC，体积掺量为 0.10％和 0.15％聚丙烯纤维的薄板承载力提高幅度分别为 27％和 24％，薄板承载力并未随聚丙烯纤维掺量的增加而增大，这与文献[9]的结论基本一致。这个特点在复掺钢纤维与聚丙烯纤维的试件也得到了体现，由图 5.6(d)知，试件 12-S100P10 与 13-S100P15 承载力相差不大。其原因可能如文献[6]所述，聚丙烯纤维掺量偏高在不改变精细混凝土配比的前提下会导致纤维分散效果不好，相当于混凝土中引入缺陷，对薄板承载力的不利影响在一定程度上抵消了其控裂、增强作用。

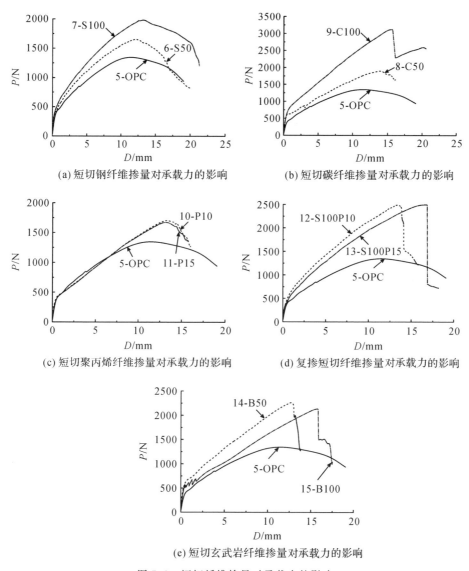

(a) 短切钢纤维掺量对承载力的影响

(b) 短切碳纤维掺量对承载力的影响

(c) 短切聚丙烯纤维掺量对承载力的影响

(d) 复掺短切纤维掺量对承载力的影响

(e) 短切玄武岩纤维掺量对承载力的影响

图 5.6　短切纤维掺量对承载力的影响

5.3.1.5　钢纤维长径比的影响

短切钢纤维长径比对 TRC 薄板的弯曲性能的影响如图 5.7 所示，试件 17-S100(L)与 18-S100(LS)的短切钢纤维长度分别为 13mm 和 6mm。由图 5.7 可知，钢纤维长径比对薄板刚度、承载力和变形能力影响不大，长径比较小的试件承载力略高。可能的原因是，虽然长径比较小的纤维锚固长度较短，但相同掺量下根数较多,总体来看有利于纤维束与基体之间的黏结。这种现象与文献[5]中碳纤维长径比影响的结果并不一致,反映出不同种类纤维的增强作用机理的不同。

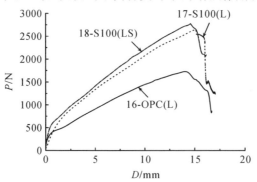

图 5.7　钢纤维长径比对承载力的影响

5.3.2　开裂与极限状态

各试件在开裂、极限状态下的荷载、挠度值见表 5.4。由表可知,无论纤维编织网是否浸胶处理,掺加短切碳纤维、钢纤维、聚丙烯纤维及玄武岩纤维均有助于提高薄板的初裂荷载,特别是碳纤维对薄板初裂荷载的提高最为明显,碳纤维的弹性模量很高可能是因为其控裂效果较佳;复掺钢纤维与聚丙烯纤维对薄板抗裂能力也有较好的改善作用。无论是钢纤维还是碳纤维,薄板初裂荷载均随纤维掺量的增加而上升。另外,相同掺量下,外掺长径比较小的钢纤维能有效提高薄板的初裂荷载。

表 5.4　TRC 薄板的开裂与极限状态

试件编号	开裂荷载/N	开裂挠度/mm	极限荷载/N	极限荷载对应挠度/mm
1-OPC(EP)	340	0.21	2642	22.8
2-S50(EP)	358	0.55	2171	18.0
3-C50(EP)	460	0.48	3053	25.8
4-P10(EP)	363	0.47	3494	30.0
5-OPC	424	0.65	1346	11.5
6-S50	441	0.60	1653	12.1
7-S100	526	0.69	1982	13.2
8-C50	633	0.61	1896	13.9
9-C100	759	0.71	3119	15.6
10-P10	437	0.61	1704	13.3

试件编号	开裂荷载/N	开裂挠度/mm	极限荷载/N	极限荷载对应挠度/mm
11-P15	423	0.65	1671	13.2
12-S100P10	483	0.51	2489	13.4
13-S100P15	483	0.66	2497	16.8
14-B50	622	0.54	2264	12.7
15-B100	572	0.46	2138	15.8
16-OPC(L)	424	0.82	1727	14.0
17-S100(L)	498	1.07	2545	15.4
18-S100(LS)	603	0.69	2779	14.6

短切纤维对薄板初裂荷载的提升作用主要表现在以下两个方面:一方面,分散在精细混凝土中的短切纤维能减少骨料与砂浆之间的原始微裂纹;另一方面,短切纤维对微观与宏观裂纹起到了较好的桥联作用,形成对微裂纹扩展的阻力,显著增大了裂纹扩展的能量消耗,从而达到提高薄板初裂荷载的效果。

5.3.3 弯曲韧性指数

韧性是材料延性和强度的综合反映。从宏观角度看,韧性一般可定义为材料或结构从荷载作用到失效为止吸收能量的能力。弯曲韧性通常用与荷载—挠度曲线下的面积有关的参数来衡量。目前,较有代表性的弯曲韧性衡量方法是美国混凝土协会(ACI544)韧度指数法、日本土木学会标准(JSCEG552)弯曲韧度系数法、美国材料试验学会(ASTMC1018)韧度指数法和平均剩余强度法等[9]。本章在ASTMC1018标准的基础上进行一定简化,定义弯曲韧性指标为:初裂荷载对应的曲线面积 A_0 为初裂能耗,对应挠度的曲线面积为峰值能耗,峰值能耗与 A_0 的比值即弯曲韧性指标[10-11]。本章研究的所有 TRC 薄板的弯曲韧性指标计算结果列于表 5.5 中。

表 5.5　TRC 薄板的弯曲韧性指标

试件编号	初裂能耗/(N·mm)	峰值能耗/(N·mm)	弯曲韧性指标
1-OPC(EP)	50	34714	694
2-S50(EP)	126	23717	188
3-C50(EP)	181	43868	242
4-P10(EP)	85	59392	699
5-OPC	178	11098	62
6-S50	204	14010	69

试件编号	初裂能耗/(N·mm)	峰值能耗/(N·mm)	弯曲韧性指标
7-S100	256	18045	70
8-C50	273	17847	65
9-C100	353	30913	88
10-P10	191	12454	65
11-P15	179	11253	63
12-S100P10	164	21538	131
13-S100P15	229	27915	122
14-B50	239	18677	78
15-B100	162	21396	132
16-OPC(L)	263	15458	59
17-S100(L)	336	25679	76
18-S100(LS)	282	25376	90

注:定义荷载—位移曲线中开始出现明显非线性的点为开裂点。

从表中可知,纤维编织网浸胶处理降低了初裂能耗,但大幅度提高了 TRC 薄板的弯曲韧性指标,试件 1-OPC(EP)的韧性指标比 5-OPC 提高了 10 倍;同理,浸胶处理分别使外掺钢纤维、碳纤维和聚丙烯纤维的韧性指标增大了 1.7 倍、2.7 倍和 9.8 倍。此外,针对未浸渍环氧树脂的试件而言,外掺短切纤维均能在一定程度上提高试件的弯曲韧性指标,其中试件 12-S100P10 和试件 15-B100 提高幅度最大。对于外掺短切钢纤维、碳纤维和玄武岩纤维的试件组而言,纤维掺量越多,试件韧性指标越大;对于复掺纤维和外掺短切聚丙烯纤维的试件组而言,聚丙烯纤维掺量由 0.1% 增至 0.15% 时,试件的韧性指标数值略有下降,但下降幅度较小。

5.3.4 多重开裂

在弯曲荷载作用下,所有 TRC 薄板均呈现多缝开裂的特征。这里仅对图 5.5(b)中各试件的开裂情况进行比较,考察外掺不同种类的短切纤维对薄板裂缝分布的影响。图 5.8 为试验结束后拍摄的试件表面的开裂情况,图 5.9 为薄板整体及纯弯段的裂缝数目统计。

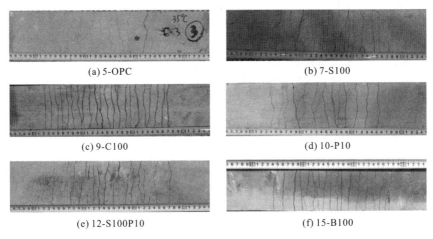

(a) 5-OPC   (b) 7-S100

(c) 9-C100   (d) 10-P10

(e) 12-S100P10   (f) 15-B100

图 5.8   外掺不同种类短切纤维的 TRC 薄板开裂状况

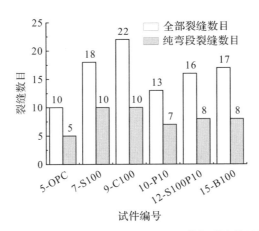

图 5.9   外掺不同种类短切纤维的 TRC 薄板裂缝数目统计

由图 5.8 和图 5.9 可知,较试件 5-OPC,无论外掺何种短切纤维,试件的整体及纯弯段裂缝数目均明显增多,纯弯段裂缝间距也有所减小。其中,碳纤维最有利于多重裂缝的产生,钢纤维的增韧效果也较好。表明在弯曲荷载的作用下,薄板内部的微裂纹扩展受到短切纤维的阻挠,迫使其改变扩展方向或生成更多、更细的裂纹,当微观裂纹转变为宏观裂缝时,裂缝分布就更加细密,裂缝数目增加,间距减小。

裂缝间距的减小意味着基体与纤维网之间黏结性能的提高。文献[12]中利用裂缝间距定性分析上述多重开裂现象。如图 5.10 所示,假定长纤维束与基体混凝土之间的黏结应力 τ_f 均匀分布。考虑纤维束与附近处于受拉状态的部分混凝土,a-a 截面为已开裂的截面,混凝土拉应力 $\sigma_c=0$,纤维束的拉应力、截面积分别为 σ_{fl} 和 A_{fl},

假设横跨裂缝的短切纤维数为 n_b，平均应力为 $\sigma_{sf,b}$，垂直于裂缝方向的平均投影面积为 $A_{sf,b}$。通过长度为 l 的纤维束的传递，附近的 b-b 截面处混凝土拉应力已均匀分布，$\sigma_c = f_t$，f_t 为混凝土抗拉强度，纤维束的拉应力、截面积分别为 σ_{f2} 和 A_f。假设 $\sigma_{sf,l}A_{sf,l}$ 为纤维束周围的"交联键"短切纤维对黏结力的贡献，n_l 为此类短切纤维数量。

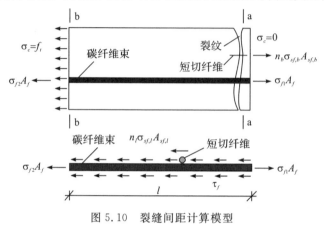

图 5.10　裂缝间距计算模型

根据受力平衡可得以下关系：

$$\sigma_{f1}A_f + n_b\sigma_{sf,b}A_{sf,b} = \sigma_{f2}A_f + f_t A_t \tag{5.1}$$

$$\sigma_{f1}A_f = \sigma_{f2}A_f + \tau_f\mu_f l + n_l\sigma_{sf,l}A_{sf,l} \tag{5.2}$$

其中，A_t 表示基体混凝土有效受拉面积；μ_f 表示长纤维束的总周长。联合式(5.1)与式(5.2)可得：

$$l = \frac{f_t A_t - n_b\sigma_{sf,b}A_{sf,b} - n_l\sigma_{sf,l}A_{sf,l}}{\tau_f\mu_f} \tag{5.3}$$

将式(5.3)乘以 1.5 的系数即为裂缝的平均间距[9]：

$$l_m = 1.5\frac{f_t A_t - n_b\sigma_{sf,b}A_{sf,b} - n_l\sigma_{sf,l}A_{sf,l}}{\tau_f\mu_f} \tag{5.4}$$

从式(5.4)可知，短切纤维的存在使分子部分变小，进而使 l_m 减小，这定性地解释了外掺短切纤维的 TRC 薄板裂缝数目增加，间距减小的原因。

5.4　微观结构分析

为了更直观地了解短切纤维的增强机理，采用 FEI Quanta 650 FEG 场发射环境扫描电镜及能谱仪观测短切纤维在精细混凝土中的形貌。虽然本章涉及的短切纤维种类较多,但其受力机理基本可以分为两类:一类是在受力过程中发生拉拔破坏,如碳纤维等;另一类则为在受力过程中发生黏结滑移,如钢纤维等。因此,本部分主要观察了这两种短切纤维在精细混凝土中的微观形态,并分析了它们对浸胶与未浸胶的纤维编织网与精细混凝土之间界面黏结性能的影响。

图 5.11(a)和图 5.11(b)分别展示了短切碳纤维在微观裂纹处的桥联作用和微观破坏形态。由图可知,部分短切碳纤维丝在裂缝扩展处被拔断,这主要是因为

(a) 短切碳纤维的桥联作用

(b) 短切碳纤维的破坏形态

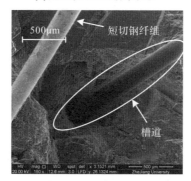

(c) 短切钢纤维拔出后的槽道

图 5.11 短切碳纤维与钢纤维的不同破坏模式

碳纤维丝虽然抗拉强度较高,但直径很小,纤维丝的极限拉力小于其与基体之间良好的黏结力。而短切钢纤维在微观裂缝处的桥联作用不同于碳纤维,这是由于钢纤维丝直径是碳纤维丝的约 32 倍,极限拉力较高,且表面较光滑,与基体混凝土之间的界面黏结力不足以超过其极限拉力,因此随着裂缝的开展,钢纤维发生缓慢滑移,形成如图 5.11(c)所示的纤维拔出后的槽道。但由表 5.4 可知,两种短切纤维都能有效阻止微裂缝的扩展,提高基体混凝土初裂荷载,在本试验的配比下碳纤维的阻裂效果优于钢纤维。

图 5.12 展示了短切纤维与浸胶的纤维编织网在基体中的微观形貌。图 5.12(a)观测的是环氧树脂与混凝土的黏结界面,底层黑色物质即长纤维束表面包裹的环氧树脂。从图中清晰可见,外掺的短切碳纤维无法进到已固化的环氧树脂内部,况且环氧树脂与基体间的黏结力已然很强,短切碳纤维对界面黏结性能几乎无贡献。图 5.12(b)则清楚地显示,在直径较大的钢纤维附近,与长纤维束表面环氧树脂相黏结的混凝土较薄弱,钢纤维甚至会在环氧树脂与基体混凝土界面上形成缺陷,这与图 5.3(b)的分析一致,也解释了短切钢纤维对该类型薄板承载力造成不利影响的原因。

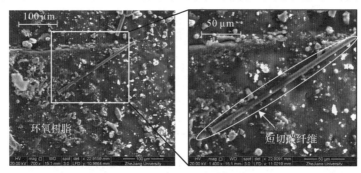

(a) 环氧树脂表面的短切纤维

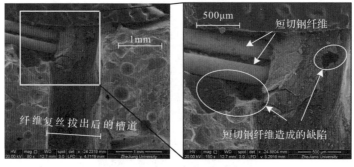

(b) 短切钢纤维对界面黏结的削弱作用

图 5.12　短切纤维与浸胶的长纤维束在基体中的微观形貌

图 5.13 展示了短切纤维与未浸胶的纤维编织网在基体中的微观形貌。正如文献[3]所述,短切碳纤维丝的"交联"作用能够增大长纤维束与基体混凝土之间的锚固力,改善纤维编织网与基体之间的界面黏结性能,印证了如图 5.13(a)所示的增强机理。而由图 5.13(b)可见,钢纤维直径远大于碳纤维丝,不能像短切碳纤维

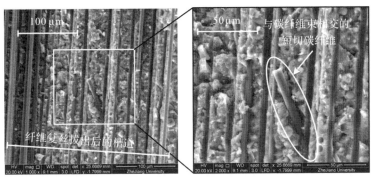

(a) 短切碳纤维的"交联"作用

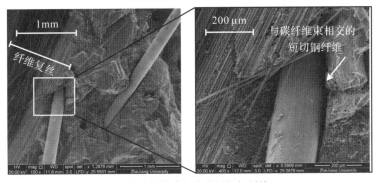

(b) 与碳纤维束相交的短切钢纤维

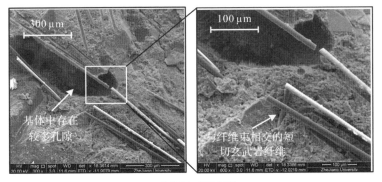

(c) 短切玄武岩纤维

图 5.13 短切纤维与未浸胶的长纤维束在基体中的微观形貌

丝那样有效进到长纤维束内部,因此其对纤维束与基体间黏结性能的改善效果不如碳纤维。图 5.13(c)为精细混凝土中短切玄武岩纤维丝的微观形貌,由图可知,玄武岩纤维单丝虽能起到一定的"交联"作用,但精细混凝土未能较好地浸渍纤维束,导致两者之间存在较多的孔洞,印证了前文所述关于基体流动性差,影响增强效率的原因。

5.5　本章小结

本章分别对外掺短切钢纤维、碳纤维、玄武岩纤维、聚丙烯纤维,以及复掺钢纤维与聚丙烯纤维的 TRC 薄板进行四点弯曲试验,并在此基础上,采用环境扫描电镜及能谱仪对短切纤维与纤维编织网在基体混凝土中的微观形貌进行了观察。综合试验与电镜扫描结果,得到以下结论。

(1)对纤维编织网进行浸胶处理能大幅提高外掺短切纤维的 TRC 薄板的承载力,外掺短切纤维的 TRC 薄板承载力仍主要依赖于纤维编织网与基体之间的黏结性能。较低的水胶比可以提高外掺短切钢纤维的 TRC 薄板承载力,但不利于其延性的发挥。

(2)对于浸胶处理的 TRC 薄板,外掺短切纤维对薄板开裂后刚度提高幅度不大。外掺碳纤维和聚丙烯纤维的试件承载力提高幅度分别为 16% 和 32%;外掺钢纤维并未提高薄板承载力,但试件破坏时呈现较好的延性。直径较粗的钢纤维无法进入已固化的环氧树脂内部,甚至在界面上形成缺陷是其对薄板承载力造成不利影响的原因。

(3)对于未浸胶处理的 TRC 薄板,外掺短切纤维对薄板的开裂后刚度影响很大。外掺碳纤维、钢纤维、聚丙烯纤维和玄武岩纤维的试件承载力提高幅度分别为 132%、47%、27% 和 59%。复掺钢纤维与聚丙烯纤维的试件承载力提高幅度为 86%,两类纤维对薄板强度与刚度的影响并不是简单的叠加关系。短切碳纤维丝的"交联"作用能够改善纤维编织网与基体之间的界面黏结性能。

(4)在本试验设定的掺量下,短切钢纤维和短切碳纤维掺量越多,薄板极限承载力及开裂后刚度越大;短切聚丙烯纤维和玄武岩纤维掺量不宜偏高,否则将不利于薄板的极限承载力。

(5)钢纤维长径比对薄板刚度、承载力和变形能力的影响不大,纤维长径比较小的试件承载力略高,但初裂荷载的提高幅度较大。

（6）浸胶处理能大幅度提高 TRC 薄板的韧性指标，但大幅度降低了试件的初裂能耗。对于未浸胶处理的 TRC 薄板而言，外掺短切纤维均能在一定程度上提高试件的弯曲韧性指标。

（7）在本试验配比下，短切碳纤维和钢纤维均能有效减缓裂缝扩展，碳纤维的阻裂效果最佳。外掺短切纤维使 TRC 薄板裂缝数目增多，间距减小；结合短切纤维的"交联"作用，基于裂缝间距理论定性解释了该现象。

（8）短切碳纤维与钢纤维在微观裂缝处的桥联作用机理不同，部分碳纤维在受力过程中发生拉拔破坏，钢纤维则发生黏结滑移破坏；外掺过多的玄武岩纤维将削弱基体与纤维编织网界面的黏结性能。

参考文献

［1］Barhum R，Mechtcherine V. Effect of short，dispersed glass and carbon fibres on the behaviour of textile-reinforced concrete under tensile loading［J］. Engineering Fracture Mechanics，2012，92：56-71.

［2］Li Q H，Xu S. Experimental research on mechanical performance of hybrid fiber reinforced cementitious composites with polyvinyl alcohol short fiber and carbon textile［J］. Journal of Composite Materials，2011，45：5-28.

［3］Barhum R，Mechtcherine V，Curbach M. Influence of short dispersed and short integral glass fibres on the mechanical behaviour of textile-reinforced concrete［J］. Materials and Structure，2013，46：557-572.

［4］Butler M，Hempel R，Schiekel M. The influence of short glass fibres on the working capacity of textile reinforced concrete［C］//ICTRC'2006-First International RILEM Conference on Textile Reinforced Concrete. France：Bagneux，RILEM Publications SARL，2006：45-54.

［5］Hinzen M，Brameshuber W. Improvement of serviceability and strength of textile reinforced concrete by using short fibres［C］//Fourth Colloquium on Textile Reinforced Structures (CTRS4). Germany：Dresden，Eigenverlag，2009，261-272.

［6］尹世平，徐世烺.提高纤维编织网保护层混凝土抗剥离力的有效方法［J］.建筑材料学报，2010，12(4)：468-473.

［7］戴清如，沈玲华，徐世烺，等.纤维编织网增强混凝土基本力学性能试验研究［J］.水利学报，2012，43(S1)：59-69.

［8］Xu S L，Shen L H，Wang J Y，et al. High temperature mechanical performance and micro interfacial adhesive failure of textile reinforced concrete thin-plate［J］. Journal of Zhejiang University：Science A，2014，15(1)：31-38.

[9] 张华. 钢纤维混凝土强度与弯曲韧性研究[D]. 郑州：郑州大学，2011.

[10] Wang S，Naaman A E，Li V C. Bending response of hybrid ferrocement plates with meshes and fibers[J]. Journal of Ferrocement，2004，34(1)：275-288.

[11] 杜玉兵. 预应力织物增强混凝土薄板力学性能试验研究[D]. 南京：河海大学，2006.

[12] Yin S，Xu S，Li H. Improved mechanical properties of textile reinforced concrete thin plate [J]. Journal of Wuhan University of Technology：Materials Science Edition，2013，28(1)：92-98.

第6章　外掺短切纤维的 TRC 薄板高温后力学性能

6.1　概　述

关于外掺短切纤维 TRC 薄板常温力学性能的研究,第 5 章已做了详细介绍。但国内外关于 TRC 薄板耐高温性能的研究报道较少。

第 2 章的相关试验结果表明,外掺短切纤维能较好地改善基体常温及高温后的残余抗折强度和抗压强度。因此,本章在第 5 章的基础上,以外掺短切碳纤维、短切钢纤维和短切玄武岩纤维的 TRC 薄板为对象,继续研究其在火灾作用后的弯曲力学性能[1]。根据第 2 章的研究可知,外掺聚丙烯纤维能有效抑制混凝土的爆裂,但会对基体的高温后残余力学性能产生不利影响,因此本章未开展外掺聚丙烯纤维的 TRC 薄板高温后残余力学性能的相关试验研究。

本章主要研究纤维种类、纤维掺量及不同受火时间等因素对 TRC 薄板高温后弯曲力学性能的影响,旨在探讨外掺何种短切纤维最有利于 TRC 构件高温后承载力的提高。在此基础上,采用环境扫描电镜及能谱仪观测短切纤维、纤维编织网及基体混凝土高温后的微观形貌,以进一步探究外掺短切纤维的 TRC 薄板的高温后破坏机理[2]。

6.2　试验概况

试验原材料均与第 5 章相同,此处不再赘述。各薄板试件中基体混凝土的常温及高温后抗折强度和抗压强度退化规律分别参见第 2 章的图 2.18 和图 2.22。由第 5 章的研究可知,钢纤维长径比对薄板刚度、承载力和变形能力的影响不大,因此本章的钢纤维长度均采用 13mm。试验共设置 10 组试件,根据前文研究,纤维编织网浸渍环氧的薄板的耐高温性能不佳,因此所有试件的纤维编织网均未浸胶处理。试验方案见表 6.1。利用可编程高温试验炉 SXF-12-10 进行高温试验,试验升温曲线参见第 2 章图 2.10(b),此处不再赘述[3]。由于 GB 50016—2014《建筑设计防火规范》(2018 年版)[4] 中规定,房间隔墙耐火等级为二级、一级及非承重隔墙耐火等级为一级时的耐火极限时间分别为 0.5h、0.75h 和 1.0h,故本章设定的受火时间分别为 0.5h、0.75h 和 1.0h,旨在研究不同受火时间后外掺纤维对 TRC 薄板高温后力学性能的影响。下文中用编号 RT、0.5H、0.75H 和 1.0H 分别表示常温下、受火 0.5h、0.75h 和 1.0h 后的试件。

表 6.1　试验方案

短切纤维种类	试件编号	短切纤维长度/mm	水胶比	体积掺量/%
—	OPC	—	0.39	—
钢纤维	S50	13	0.39	0.5
钢纤维	S100	13	0.39	1.0
碳纤维	C50	12	0.39	0.5
碳纤维	C100	12	0.39	1.0
玄武岩纤维	B50	12	0.39	0.5
玄武岩纤维	B100	12	0.39	1.0
—	OPC(L)	—	0.34	—
钢纤维	S50(L)	13	0.34	0.5
钢纤维	S100(L)	13	0.34	1.0

注:L 表示低水胶比的试件。

6.3　试验结果与分析

6.3.1　短切钢纤维对 TRC 薄板高温后弯曲性能的影响

钢纤维 TRC 薄板在受火 0.5h、0.75h 和 1.0h 后的荷载—位移曲线如图 6.1 所示。由图 6.1(a)可知,与对照组 OPC(L)-0.5H 相比,试件 S50(L)-0.5H 和试件 S100(L)-0.5H 的承载力分别下降和提高了 39.5％和 21.0％,表明对于低水胶比的 TRC 薄板而言,短切钢纤维对试件高温后的承载力提高幅度不大,甚至有可能下降。对于高水胶比试件而言,试件 S50-0.5H 和试件 S100-0.5H 的承载力较对照组分别提高了 10.5％和 42.4％。此外,对比不同水胶比的试件 OPC-0.5H 和试件 OPC(L)-0.5H,以及试件 S100-0.5H 与试件 S100(L)-0.5H 可以发现,低水胶比试件的极限承载力分别比相应的高水胶比试件提高 34.4％和 12.5％。

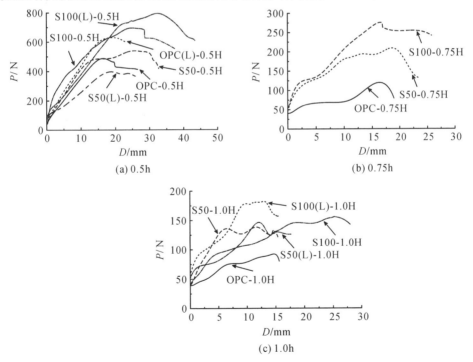

图 6.1　不同火灾时间后钢纤维 TRC 薄板的荷载—位移曲线

受火时间为 0.75h 时,所有试件表面均布满龟裂纹,表明基体混凝土已发生高温损伤,其中试件 OPC-0.75H 表面劣化最严重,如图 6.2 所示。由于试件养护失误,该组试件中未包含低水胶比的钢纤维试件 TRC 薄板。由图 6.1(b)可知,与对照组试件 OPC-0.75H 相比,钢纤维掺量 0.5% 和 1.0% 的 TRC 薄板承载力分别提高了 74% 和 113%。由图 6.1(c)可知,受火时间为 1.0h 时,TRC 薄板的荷载—位移曲线波动较大,且试件 OPC(L)-1.0H 在开始加载的瞬间丧失承载力。外掺短切钢纤维的 TRC 薄板的极限承载力均优于普通硅酸盐混凝土 TRC 薄板,与对照组试件 OPC-1.0H 相比,钢纤维掺量 0.5% 和 1.0% 的 TRC 薄板承载力分别提高了 53% 和 73%。纤维掺量越多,承载力提高幅度越大,这是由于较长时间的高温作用使 TRC 薄板中的基体材料发生严重的高温损伤,此时外掺的短切钢纤维对裂缝开展的抑制作用显得至关重要,薄板极限承载力水平主要取决于短切钢纤维的掺量。

(a) OPC-0.75H   (b)S50-0.75H   (c)S100-0.75H

图 6.2　受火 0.75h 后各试件的表观形态

6.3.2　短切碳纤维对 TRC 薄板高温后弯曲性能的影响

图 6.3 为受火 0.5h、0.75h 和 1.0h 后碳纤维 TRC 薄板的荷载—位移曲线。由图 6.3 可知,受火 0.5h 时,与试件 OPC-0.5H 相比,碳纤维掺量 0.5% 和 1.0% 的 TRC 薄板的承载力分别提高了 28.9% 和 62.1%;受火 0.75h 时,与试件 OPC-0.75H 相比,碳纤维掺量 0.5% 和 1.0% 的 TRC 薄板承载力分别提高了 110% 和 160%;受火 1.0h 时,与试件 OPC-1.0H 相比,碳纤维掺量 0.5% 和 1.0% 的 TRC 薄板的承载力分别提高了 80.4% 和 135.9%。从上述结果可知,受火时间为 0.75h 以上时,碳纤维对 TRC 薄板高温后力学性能的提高幅度均很大。此外,在本章所研究的掺量范围内,外掺短切碳纤维可有效提高高温后 TRC 薄板的初裂刚度和承载力,且提高幅度随着纤维掺量的增加而增大。这是因为火灾后的基体混凝土内部易出现各种热开裂(包括微观裂缝和宏观裂缝),而横跨在裂缝之间的碳纤维能较好地发挥桥联作用,增大裂缝扩展的能量吸收率,提高试件高温后的承载力,纤维掺量越多,阻裂效果愈佳。

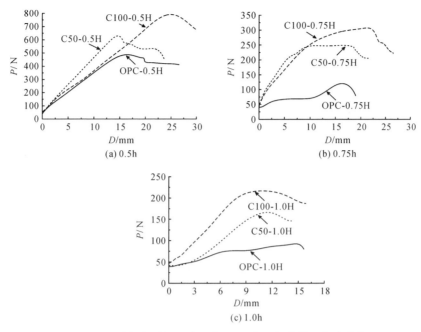

图 6.3 不同火灾时间后碳纤维 TRC 薄板的荷载—位移曲线

6.3.3 短切玄武岩纤维对 TRC 薄板高温后弯曲性能的影响

图 6.4 为短切玄武岩纤维的 TRC 薄板受火 0.5h、0.75h 和 1.0h 后的荷载—位移曲线。由图 6.4(a)和图 6.4(b)可知,外掺 0.5％的短切玄武岩纤维能较好地提高试件的极限承载力,提高幅度分别为 59.2％和 127.5％,薄板的初裂刚度也相应提高;但纤维掺量增至 1.0％时,试件 B100-0.5H 和试件 B100-0.75H 的承载力与对照组试件相比并未提高,其原因可通过图 6.5 进行解释。图 6.5(a)展示了外掺 1.0％短切玄武岩纤维的精细混凝土的坍落度,图 6.5(b)为试件 B100-0.5H 中精细混凝土和纤维束之间的界面黏结情况。从图 6.5 中可明显看出,当短切玄武岩纤维掺量增至 1.0％时,基体的流动性变得很差,基体未能充分浸渍纤维编织网,纤维编织网与基体之间存在明显的孔洞,如图 6.5(b)所示,造成两者之间的咬合力不足,不能有效提高薄板的极限承载力。受火时间为 1.0h 时,试件 B100-1.0H 在放上重 40N 的加载头后挠度即逐渐增大,说明该试件的极限承载力不超过 40N。此时,试件 B50-1.0H 的极限承载力提高亦不明显,仅为对照组试件 OPC-1.0H 承载力的 1.17 倍,说明受火 1.0h 后短切玄武岩纤维也发生了严重热损伤,不能较好地发挥桥联作用。

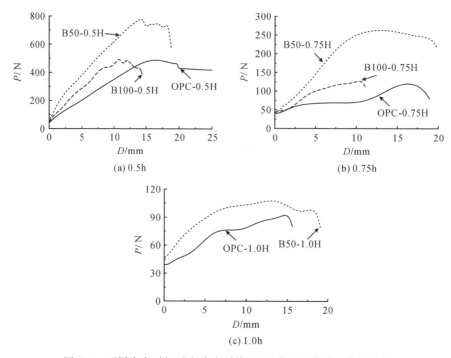

图 6.4   不同火灾时间后玄武岩纤维 TRC 薄板的荷载—位移曲线

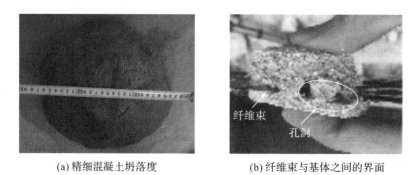

(a) 精细混凝土坍落度   (b) 纤维束与基体之间的界面

图 6.5   外掺 1.0％短切玄武岩纤维的基体状况

6.3.4   外掺短切纤维的种类对 TRC 薄板高温后弯曲性能的影响

本节对比试验设定的掺量范围内外掺不同种类的短切纤维对 TRC 薄板高温后承载力的影响。图 6.6 比较了受火 0.5h 后外掺 0.5％和 1.0％的不同种类的短切纤维对 TRC 薄板力学性能的影响。由图 6.6(a)可知,当纤维掺量为 0.5％时,与试件 OPC-0.5H 相比,外掺短切玄武岩纤维的 TRC 构件的承载力增幅最大,其次为试件 C50-0.5H,最后为试件 S50-0.5H。但与其余试件相比,试件 B50-0.5H 的承载力达到峰值后下降较快,原因可能为该类薄板的基体混凝土过于黏稠,不利于与纤维编织网的黏结,当试件承载力达到峰值时,大量纤维束与基体之间迅速发生界面脱黏,导致承载力急剧下降。由图 6.6(b)可知,当纤维体积掺量为 1.0% 时,增强效果最佳的是短切碳纤维,该试件的承载力和极限变形能力远大于试件 OPC-0.5H 和试件 B100-0.5H,且刚度保持较好。以上结果表明,相同受火时间后,短切纤维 TRC 薄板的受力增强趋势与相应的短切纤维基体混凝土强度退化规律(见图 2.18 和图 2.23)并不完全一致。综上,受火 0.5h 后外掺 1.0% 的短切碳纤维对 TRC 薄板高温后的弯曲力学性能改善效果最佳。

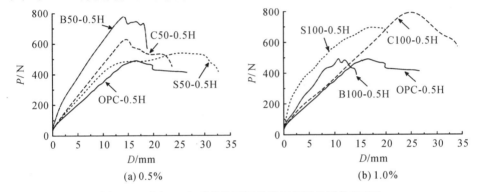

图 6.6 受火 0.5h 后外掺不同种类短切纤维试件的对比

图 6.7 和图 6.8 分别为外掺不同种类短切纤维的试件受火 0.75h 和 1.0h 后的荷载—位移曲线。由图 6.7(a)可知,试件 C50-0.75H、B50-0.75H 和 S50-0.75H 较对照组试件 OPC-0.75H 的承载力提高幅度分别为 107.5%、127.5% 和 74.2%。但此时所有试件的荷载—位移曲线在达到峰值荷载前即出现明显的刚度退化,表明高温作用后纤维编织网与基体之间不能较好地协同受力。当纤维掺量为 1.0% 时,试件 C100-0.75H 的极限承载力最高,其次为试件 S100-0.75H,而试件 B100-0.75H 的承载力水平与对照组相差不大,如图 6.7(b)所示,说明受火 0.75h 后,外掺 1.0% 玄武岩纤维几乎不能改善 TRC 薄板高温后力学性能。受火 1.0h 后,持续的高温作用使基体混凝土、短切纤维和纤维束均发生高温损伤和劣化,纤维束与基体之间应力传递不连续,试件荷载—位移曲线出现起伏状,如图 6.8 所示。当纤维掺量为 0.5% 和 1.0% 时,较试件 OPC-1.0H,试件 C50-1.0H 和试件 C100-1.0H 的承载力提高幅度最大,分别为 80.4% 和 135.9%,外掺 1.0% 碳纤维最有利于受火 1.0h 后薄板承载力水平的改善。

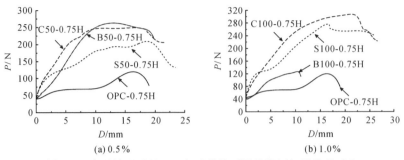

图 6.7　高温处理时间 0.75h 后外掺不同种类短切纤维的对比

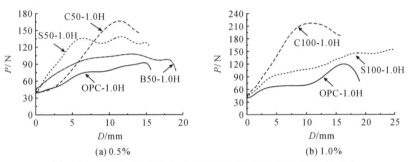

图 6.8　高温处理时间 1.0h 后外掺不同种类短切纤维的对比

6.3.5　受火时间对薄板极限承载力的影响

各试件在初裂、极限状态下的荷载、挠度值如表 6.2 所示。由表可知，短切碳纤维、钢纤维和玄武岩纤维均有助于提高薄板高温后的极限承载力，特别是当受火时间为 0.75h 和 1.0h 时，短切碳纤维对 TRC 薄板高温后承载力的提高效果最为显著。直径小的碳纤维丝弹性模量很高，且外掺短切碳纤维精的细混凝土流动性较好，基体与纤维编织网结合效果较佳。随着受火时间变长，所有试件的初裂荷载和极限承载力均呈下降趋势，受火时间为 0.75h 和 1.0h 时，大部分薄板表面均出现肉眼可见的微观裂纹，已无法判断初裂荷载和初裂挠度。

表 6.2　不同受火时间后 TRC 薄板的初裂与极限状态

试件编号	初裂荷载/N	初裂挠度/mm	极限荷载/N	极限挠度/mm
OPC-RT	424	0.65	1346	11.5
OPC-0.5H	93	1.23	488	16.5
OPC-0.75H	—	—	120	16.4
OPC-1.0H	—	—	92	15.1
OPC(L)-RT	394	0.61	1727	14.0

试件编号	初裂荷载/N	初裂挠度/mm	极限荷载/N	极限挠度/mm
OPC(L)-0.5H	125	0.95	656	18.9
OPC(L)-1.0H	—	—	<40	—
S50-RT	544	0.92	1634	12.1
S50-0.5H	—	—	539	25.8
S50-0.75H	—	—	209	18.6
S50-1.0H	—	—	138	11.6
S50(L)-RT	553	0.92	2021	14.6
S50(L)-0.5H	116	1.25	397	18.9
S50(L)-1.0H	—	—	146	12.1
S100-RT	627	0.98	1976	12.9
S100-0.5H	—	—	695	24.6
S100-0.75H	—	—	256	16.5
S100-1.0H	—	—	156	25.2
S100(L)-RT	582	0.62	2779	14.6
S100(L)-0.5H	152	1.47	794	32.4
S100(L)-1.0H	—	—	192	13.0
C50-RT	633	0.61	1896	13.9
C50-0.5H	—	—	629	14.6
C50-0.75H	—	—	249	16.6
C50-1.0H	—	—	166	11.2
C100-RT	759	0.71	3119	15.6
C100-0.5H	140	2.30	791	24.8
C100-0.75H	—	—	307	21.3
C100-1.0H	—	—	217	10.9
B50-RT	622	0.54	2264	12.7
B50-0.5H	222	1.90	777	14.0
B50-0.75H	—	—	273	13.0
B50-1.0H	—	—	108	13.0
B100-RT	572	0.46	2138	15.8
B100-0.5H	96	0.76	492	10.8
B100-0.75H	—	—	127	10.4
B100-1.0H	—	—	40	—

注:"—"表示试验开始时已有细微裂缝,无法判断初裂挠度或裂缝数目。

图 6.9 为不同受火时间后水胶比对 TRC 薄板承载力的影响。由图可知,随着受火时间变长,水胶比对薄板承载力的影响无明显规律。对于 OPC 薄板,高水胶比试件的极限承载力略高于低水胶比试件,而对于外掺短切钢纤维组试件,低水胶比试件的承载力比高水胶比试件有较大幅度的提高。随着受火时间变长,高低水胶比试件的极限承载力差距越来越小。以上分析表明,水胶比对 TRC 薄板承载力的影响与是否外掺短切纤维密切相关。

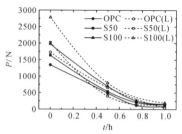

图 6.9　水胶比对薄板极限承载力的影响

当纤维掺量为 0.5％时,外掺短切纤维试件的承载力均优于对照组,如图 6.10
(a)所示;当火灾时间变长时,所有试件的相对承载力几乎以相同规律呈线性下降,
如图 6.10(b)所示,P^0 为常温下的承载力。受火 1.0h 后所有试件的相对残余承载
力仅为 4.8％～8.8％,已经基本丧失承载力。当纤维掺量为 0.5％时,虽然纤维种
类对薄板承载力影响较大,但对相对极限承载力的影响很小,如图 6.10(b)所示,
所有试件的相对极限承载力随受火时间变化规律吻合程度很高。

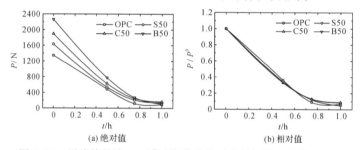

图 6.10　纤维掺量为 0.5％时纤维种类对薄板极限承载力的影响

纤维掺量为 1.0％时纤维种类对 TRC 薄板承载力的影响见图 6.11。由图可
知,随受火时间变长,试件 S100 的相对极限承载力下降幅度最小,试件 B100 的下
降幅度最大。受火时间为 1.0h 时,所有试件的相对残余承载力仅为 1.9％～
7.9％,纤维种类对薄板承载力相对极限承载力的影响同样较小。

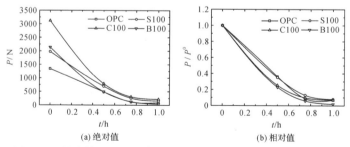

图 6.11　纤维掺量为 1.0％时纤维种类对薄板极限承载力的影响

6.3.6 多重开裂

不同受火时间后,所有 TRC 薄板都呈现不同程度的多重开裂。在试验加载过程中,通过观察不同试验条件下试件底部的开裂形态,可看到高温处理后薄板底部出现较多不连续的细微裂纹,特别是受火 1.0h 后,薄板底部虽有较多细小不连续细微裂纹,但随着薄板挠度变大,主裂纹宽度迅速增加,其余细微裂纹宽度几乎不变,表明纤维编织网和基体之间的黏结性能较差,已不能较好地协同受力。图6.12 为试验结束后拍摄的外掺不同种类短切纤维的 TRC 试件底部表面的开裂情况。经比较可发现,随着受火时间变长,四组试件底部的连续贯穿裂纹数目均显著减少,裂缝分布范围逐渐由常温时的 25cm 缩减为纯弯段的 10cm,甚至更窄。

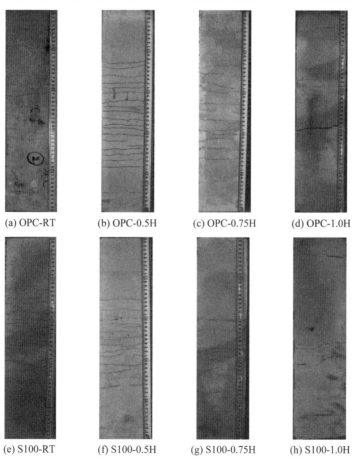

(a) OPC-RT　　　(b) OPC-0.5H　　　(c) OPC-0.75H　　　(d) OPC-1.0H

(e) S100-RT　　　(f) S100-0.5H　　　(g) S100-0.75H　　　(h) S100-1.0H

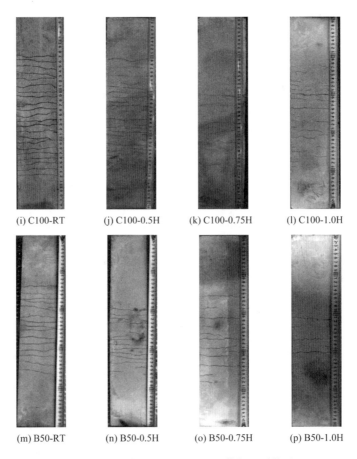

| (i) C100-RT | (j) C100-0.5H | (k) C100-0.75H | (l) C100-1.0H |

| (m) B50-RT | (n) B50-0.5H | (o) B50-0.75H | (p) B50-1.0H |

图 6.12　外掺不同纤维的 TRC 薄板开裂状况

纤维断裂[图 6.13(a)]和界面脱黏[图 6.13(b)]是单向复合材料纵向拉伸破坏的两种主要模式。出现哪种破坏主要取决于基体混凝土与纤维材料的黏结性能（包括纤维本身的特征等）。从薄板开裂处的破裂面可以看出,随着界面黏结力的减弱,裂缝破坏形式以短切纤维拔出为主(若纤维仍未熔融),基体材料的主要破坏形式由纤维断裂向界面脱黏转变,形成很多不连续的微观裂纹。

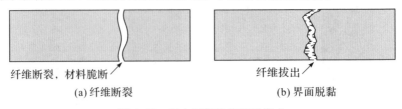

纤维断裂, 材料脆断　　　　　　　　　纤维拔出

(a)纤维断裂　　　　　　　　　　　(b)界面脱黏

图 6.13　复合材料拉伸破坏模式

6.4 微观结构分析

根据第3章和第4章的微观结构分析发现,高温会诱使基体发生劣化、碳纤维束表面因氧化而出现损伤,两者间界面黏结性能的退化是 TRC 薄板高温后承载力迅速降低的原因。本章研究的重点为高温后钢纤维、碳纤维和玄武岩纤维与基体间界面的破坏形貌,因此以下仅对短切纤维在不同受火时间后在基体中的形态进行相应的分析。

6.4.1 短切钢纤维与基体的界面破坏形态

图 6.14 展示了短切钢纤维与基体间界面的微观形貌。常温下钢纤维与基体之间黏结紧密,在微裂缝处能起到较好的桥联作用,如图 6.14(a)所示。受火 0.5h 后,钢纤维表面存在着一层附着物,但纤维形态保持较好,纹理较为清晰,如图 6.14(b)所示。受火 0.75h 后,钢纤维外层附着物的厚度明显增加,且内部呈现凹

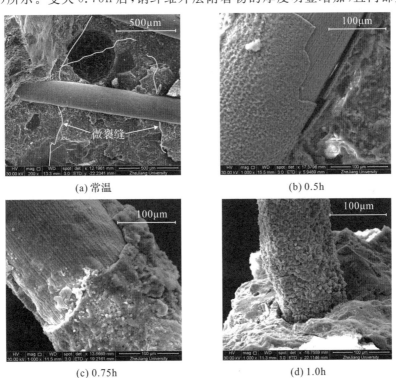

(a) 常温 (b) 0.5h

(c) 0.75h (d) 1.0h

图 6.14 短切钢纤维在不同受火时间后的微观形貌

凸不平的形貌,表明钢纤维已开始劣化,如图 6.14(c)所示。特别是在受火时间达到 1.0h 后,常温下表面光滑的钢纤维的表面开始出现大量小块状碎裂附着物,如图 6.14(d)所示。综上可知,随着受火时间变长,钢纤维与基体之间的界面黏结性能逐渐劣化,空隙逐渐增大,常温下紧密结合的胶凝材料逐渐变得稀松,短切钢纤维微观形态也发生明显变化。通过能谱分析图可清楚看出,表面附着物主要由铁原子和氧原子组成,说明附着物是钢纤维在高温局部有氧的环境下的氧化产物,短切纤维与基体混凝土之间由于这些附着物的存在而不能紧密结合,严重影响了短切钢纤维桥联作用的发挥,如图 6.15 所示。

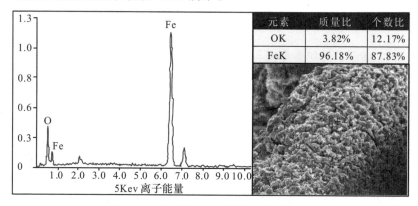

元素	质量比	个数比
OK	3.82%	12.17%
FeK	96.18%	87.83%

图 6.15　钢纤维表面附着物的能谱分析

6.4.2　短切碳纤维与基体的界面破坏形态

图 6.16 为短切碳纤维在不同受火时间后的微观形貌。由图 6.16(a)可知,常温下短切碳纤维在精细混凝土中分散较为均匀,未出现成束或成堆等现象。由图 6.16(b)可知,受火 0.5h 后,部分短切碳纤维表面同纤维编织网中碳纤维束一样,已开始出现瑕疵,这也解释了 TRC 薄板受火 0.5h 后承载力急速下降的原因。由图 6.16(c)可知,受火 0.75h 后,虽然短切碳纤维在裂缝处仍能起到一定的桥联作用,但与混凝土之间仍存在较大的空隙,界面黏结力明显减弱。图 6.16(d)为受火 1.0h 后部分短切碳纤维表面的形态,此时短切碳纤维表面出现较多的明显瑕疵,性能发生严重劣化。

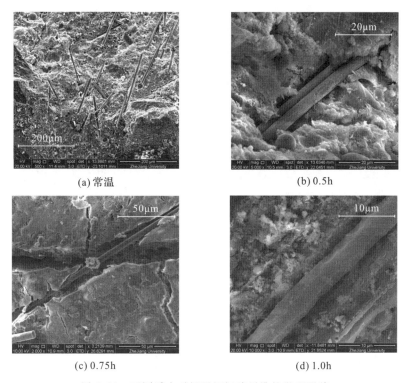

(a) 常温   (b) 0.5h

(c) 0.75h   (d) 1.0h

图 6.16　不同受火时间后短切碳纤维的微观形貌

6.4.3　短切玄武岩纤维与基体的界面破坏形态

图 6.17 为短切玄武岩纤维在不同受火时间后的微观形貌。由图 6.17(a)可知,常温下,短切玄武岩纤维在精细混凝土中的分布没有短切碳纤维均匀,这也解释了玄武岩纤维掺量过多对 TRC 薄板承载力不利的原因。由图 6.17(b)可知,受火 0.5h 后,由于外掺短切玄武岩纤维的基体流动性较差,纤维束周围未能全部填充基体混凝土,高温后纤维束与基体混凝土之间的空隙中存在较多由温度梯度引起的裂纹,此类裂纹的存在使得纤维束与基体之间的界面黏结性能更加薄弱。由图 6.17(c)可知,受火 0.75h 后,位于微裂纹处的短切玄武岩纤维虽起到了一定的桥联作用,但效果甚微,温度梯度引起的热开裂使位于裂纹处的短切纤维被拔断。与图 6.16(c)中的短切碳纤维相比,相同受火时间后,短切碳纤维在裂纹处未出现拔断的现象,表明短切碳纤维的桥联作用优于短切玄武岩纤维,这也解释了外掺两类短切纤维的薄板高温后弯曲承载力水平间的差异。受火时间为 1.0h 时,未能找到短切玄武岩纤维在基体混凝土中的分布,推测大部分短切玄武岩纤维已氧化熔融。

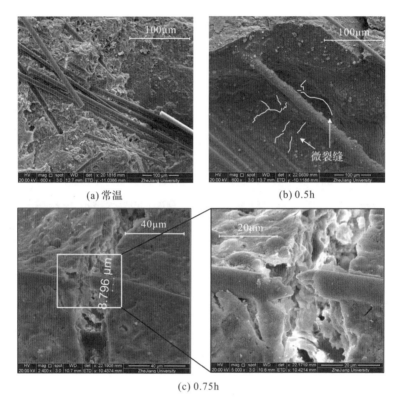

(a) 常温   (b) 0.5h

(c) 0.75h

图 6.17 不同受火时间后短切玄武岩纤维的微观形貌

6.5 本章小结

本章研究了外掺短切钢纤维、短切碳纤维和短切玄武岩纤维的 TRC 薄板高温后的弯曲力学性能,旨在探讨外掺何种短切纤维最有利于 TRC 构件高温后承载力的提高。同时,通过环境扫描电镜及能谱仪观察了短切钢纤维、碳纤维和玄武岩纤维在基体混凝土中的微观形貌。通过分析得到以下结论。

(1)在本章所研究的掺量范围内,短切钢纤维的掺量对 TRC 薄板高温后性能的影响与水胶比有关。对于高水胶比试件,纤维掺量越多,TRC 薄板的弯曲承载力提高幅度越大;而对于低水胶比试件,外掺短切钢纤维对薄板高温后的承载力提高幅度不大,甚至可能降低。受火 1.0h 后,薄板的承载力水平主要取决于短切钢纤维的掺量。

(2)在本章所研究的掺量范围内,外掺短切碳纤维能较好地改善 TRC 薄板高温后的弯曲力学性能,且纤维掺量越多,提高幅度越大。受火 1.0h 时,试件 C100-1.0H 的承载力提高幅度可达 135.9%。

(3)在本章所研究的掺量范围内,外掺 0.5% 的短切玄武岩纤维能较好地提高 TRC 薄板高温后的弯曲承载力,但纤维不宜掺量过多,外掺 1% 的短切玄武岩纤维对薄板承载力几乎无改善作用。

(4)在本章所研究的纤维种类中,外掺短切碳纤维对试件高温后承载力的改善效果最佳。短切纤维对高温后 TRC 薄板的受力增强机理与短切纤维本身的特征(如纤维直径、纤维表面特征等)及相应的基体混凝土流动性两方面密切相关。

(5)随受火时间变长,TRC 薄板连续贯穿裂纹数目显著减少,贯穿裂纹分布范围显著变小,高温作用使短切纤维与混凝土之间的界面黏结力逐渐减弱,主要破坏形式由纤维断裂向界面脱黏转变。

(6)通过微观结构观测可以发现,高温作用使得钢纤维的微观形态发生明显变化,特别是在受火 1.0h 后,钢纤维表面氧化严重,影响了其桥联作用的发挥。短切碳纤维在基体中分散均匀,但随着受火时间变长,短切碳纤维表面仍出现明显瑕疵,性能发生劣化。短切玄武岩纤维在基体中分散状况较差,纤维束与基体混凝土之间存在孔洞,影响了两者间的界面黏结性能。

参考文献

[1] Silva F A，Butler M，Hempel S，et al. Effects of elevated temperatures on the interface properties of carbon textile-reinforced concrete[J]. Cement and Concrete Composites，2014 (4)，48：26-34.

[2] Rambo D A S，Silva F A，Filho R D T，et al. Effect of elevated temperatures on the mechanical behavior of basalt textile reinforced refractory concrete[J]. Materials and Design，2015，65：24-33.

[3] Xu S L，Shen L H，Wang J Y，et al. High temperature mechanical performance and micro interfacial adhesive failure of textile reinforced concrete thin-plate[J]. Journal of Zhejiang University：Science A，2014，15(1)：31-38.

[4] 中华人民共和国住房和城乡建设部. GB 50016—2014 建筑设计防火规范(2018 年版)[S]. 北京：中国计划出版社，2018.

第7章 TRC 薄板及其自保温三明治墙体结构的物理性能

7.1 概 述

目前,TRC 墙板虽已成功应用到围护结构,但仍以外挂幕墙等外墙面板为主,极少应用于承重和非承重墙体结构。TRC 三明治墙板虽已面世,但仍处于探索阶段,因此有必要明确 TRC 薄板及其自保温三明治墙体结构的物理性能,为此类新型墙体结构的推广应用奠定基础。

第 2 章及戴如清[1]和李赫等[2]的研究发现:①精细混凝土的强度和早期强度均较高,28d 的立方体抗压强度可达 52MPa 以上,已达到高强的效果,强度变化趋势为早期强度上升迅速,14d 后增速变缓,适合用于 TRC 薄壁墙板的工业化生产[1];②TRC 薄壁构件的收缩可用水养的方式进行控制,当采用水养方式进行养护时,28d 内精细混凝土的最大收缩值为 0.086mm/m[1],符合 GB/T 23451—2009《建筑用轻质隔墙条板》[3]中关于隔墙板收缩值的要求。

本章主要针对精细混凝土的软化系数、TRC 面板的含水率、冻融循环、抗压强度、导热系数以及自保温三明治墙体结构的热工性能等六方面进行相应的研究,旨在完善 TRC 面板及其自保温三明治墙体的各项物理性能,探究使用该种 TRC 面板制成新型自保温三明治墙体的可行性。

为成功研制 TRC 新型自保温三明治墙体结构,本章进一步根据现行相应规范和标准,考虑不同种类的夹芯层材料和厚度对 TRC 新型自保温三明治墙体结构热工性能的影响,寻找确保其热工性能的合理夹芯层材料及其厚度,为此类墙体结构形式的设计提供参考。

7.2 精细混凝土的软化系数

7.2.1 试验方法

软化系数是材料耐水性的表征参数,其取值范围为 0～1,数值越大,材料的耐水性越好,通常认为软化系数大于 0.85 的材料是耐水材料。通过测定精细混凝土的软化系数可间接了解 TRC 面板构件的耐水情况,并判定其是否适宜作为潮湿环境下的建筑物围护结构。

试验进行前,先按表 2.1 中试块 P 的配比浇筑 12 个棱柱体试块,试块尺寸为 40mm×40mm×160mm,浇筑 24h 后拆模标准养护 28d。试验过程中,先将养护至龄期的六个试件放入如图 7.1(a)所示的 401B 型热老化试验箱直至恒重(采用 60℃恒温 3h 的方式);将另外六个试件放至 20℃±2℃水中,48h 后取出,表面用毛巾抹干。最后,进行 12 个试件的棱柱体抗压强度试验,并记录试验数值,加载方式如图 7.1(b)所示。

(a)401B 型热老化试验箱　　　　　(b)棱柱体抗压强度试验

图 7.1　精细混凝土的软化系数测试

7.2.2 试验结果

试验测得的立方体试块无侧限抗压强度值见表 7.1。精细混凝土的软化系数按下式计算[3]:

$$I = \frac{R_1}{R_0} \tag{7.1}$$

式中，I 表示软化系数；R_1 表示饱和含水情况下试件的抗压强度平均值；R_0 表示绝干状态下试件的抗压强度平均值。

表 7.1　不同含水情况下基体的抗压强度　　　　　　　（单位：MPa）

含水情况	P1	P2	P3	P4	P5	P6	平均值
饱和	63.4	65.9	64.7	65.3	60.0	56.6	62.6
干燥	64.7	61.9	61.9	64.1	63.4	66.3	63.7

试验测得精细混凝土的软化系数数值为 0.98，满足 GB/T 23451—2009《建筑用轻质隔墙条板》[3]中规定的软化系数不小于 0.85 的要求，因此认为该种精细混凝土为耐水材料，适合作为 TRC 薄壁面板的基体材料。

7.3　TRC 面板的含水率

7.3.1　试验方法

墙板含水率是指墙板孔隙中吸收水分的多少，或者说是墙板含水的饱和度。墙板含水率越高，在干热环境下失水会越多，失水过程中墙板的收缩也越大。为了控制墙板的干缩变形，需依据 GB/T 23451—2009《建筑用轻质隔墙条板》[3]的规定测定 TRC 薄板的含水率。试验方法为：试验地点若远离取样点，应该用塑料袋将试件包装密封，送入如图 7.2 所示的 JC101 型电热鼓风干燥箱恒温 60℃ 干燥 24h，此后每隔 2h 称重一次，直至前后两次称重之差不超过后一次称量值的 0.2%，当试件在电热鼓风干燥箱内冷却至与室温差不超过 20℃ 时取出称其绝干质量。

图 7.2　JC101 型电热鼓风干燥箱

根据第 3 章和第 4 章的研究,浸渍环氧树脂的 TRC 薄板在高温情况下易发生破裂,影响试件的完整性,故本章均选用未浸渍环氧树脂的 TRC 面板进行相关试验,面板试件的材料配比和制作方法同第 3 章中的类型 2 试件,此处不再赘述。本试验面板试件尺寸为 100mm×100mm×18mm,上下保护层厚度为 5mm,布设三层纤维编织网,试件数量为三个。

7.3.2　试验结果

试验结果如表 7.2 所示,并按下式计算含水率:

$$w_1 = \frac{m_1 - m_0}{m_0} \times 100\%\tag{7.2}$$

式中,w_1 表示试件的含水率,m_1 和 m_0 分别表示试件的取样质量和绝干质量。

表 7.2　试件含水率测量值

名称	取样质量/g	绝干质量/g	含水率/%
试件 1	393.70	387.66	1.56
试件 2	394.48	388.19	1.62
试件 3	399.58	393.52	1.54

试验测得 TRC 薄板试件含水率的均值为 1.57%,远低于 GB/T 23451—2009《建筑用轻质隔墙条板》[3] 中含水率不大于 12% 的要求。

7.4　TRC 面板的抗冻性

7.4.1　试验方法

在北方寒冷地区,夏季和冬季的温差较大,建筑外墙板受到很大的环境因素影响。抗冻性是衡量墙板的耐候性能的重要指标,本节主要测试 TRC 面板的抗冻性能。

试验方法参考 GB/T 23451—2009《建筑用轻质隔墙条板》[3],首先将试样放入常温水箱浸泡 48h,水面高于试件 100mm,试件间间隔 50mm,取出后用拧干的湿毛巾擦去表面附着的水珠,将试样侧立放入冰箱内,如图 7.3 所示,试件与冰箱侧壁的间距应不小于 20mm。待冰箱内温度重新降到 −15℃ 开始计时,并在 −20~−15℃ 保持 4h,然后取出试件放入常温水箱,水面高于试件 100mm,试件间隔 50mm,融化 2h,如此为一个循环,依次进行 15 个循环,循环结束后擦去表面水珠,观察试件表面裂缝及可见变化。

图 7.3　冻融试验仪器

测试过程中设定对照组,对照组为目前市场上较为常见的玻镁板,尺寸为 300mm×300mm×18mm。TRC 面板试件尺寸为 300mm×300mm×18mm,布设三层碳-玻混编纤维编织网,上下保护层厚度为 5mm,试验组和对照组试件数量各为三块。

7.4.2　试验结果

图 7.4 和图 7.5 为试件试验前后的两组试件的样品形态对照图。通过试验组 TRC 薄板和对照组玻镁板的抗冻融试验可发现,试验组 TRC 薄板经过 15 次冻融循环后,除水渍痕迹外,试件表面并未出现裂纹等明显变化;对照组玻镁板在经过相同次数的冻融循环后边角出现剥落等现象。因此,TRC 薄板满足轻质墙板抗冻融循环方面的要求[3],且性能优于目前市场上常见的墙板材料玻镁板,体现出用该种材料制成复合墙体结构的优势。

(a) 试验组TRC薄板　　　　　　　　(b) 对照组玻镁板

图 7.4　测试前试验组和对照组样品形态

(a) 试验组TRC薄板　　　　　　　(b) 对照组玻镁板

图 7.5　测试后试验组和对照组样品形态

7.5　TRC 面板的抗压强度

7.5.1　试验方法

利用 TRC 面板制成新型自保温三明治墙体结构,无论是否作承重墙体,面板都应满足一定的承重强度,承受一定的竖向荷载(如自重等),因此有必要研究TRC 面板的抗压强度。

根据 GB/T 23451—2009《建筑用轻质隔墙条板》[3]的规定测定 TRC 薄板的抗压强度。试件尺寸和规格与测定含水率的试件相同。与第 7.4 节类似,设定玻镁板为对照组,试验组和对照组试件数量均为三块,如图 7.6(a)所示。试验加载装置如图 7.6(b)所示,试验过程中采用位移加载控制,加载速率为 1mm/min。

(a) 对照组和试验组试件　　　　　　(b)试验加载装置

图 7.6　TRC 面板抗压强度试验

7.5.2 试验结果

图 7.7 为试验中试验组和对照组试件的破坏形态。由图可知,当试件受到竖向荷载作用时,试验组 TRC 试件和对照组玻镁板试件侧面的破坏形态相似,均形成竖向裂纹。对于正面破坏形态,对照组试件除上部受压区域出现细微裂纹外,表面无明显裂纹;试验组试件表面形成明显竖向裂纹。

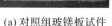

(a) 对照组玻镁板试件   (b) 试验组TRC试件

图 7.7 试件的受压破坏形态

每个试件的抗压强度按下式计算:

$$R = \frac{P}{LB} \tag{7.3}$$

式中,R 为抗压强度;P 为破坏极限荷载;L 为试件受压面长度,本次试验中取 100mm;B 为试件受压面宽度,对照组取 12.5mm,试验组取 19mm。

表 7.3 为 TRC 面板的抗压强度测试值。对照组和试验组试件抗压强度的均值分别为 10.2MPa 和 29.8MPa,两者均远高于 GB/T 23451—2009《建筑用轻质隔墙条板》[3]中抗压强度不小于 3.5MPa 的要求。其中,试验组试件的抗压强度均值达到对照组试件的 2.9 倍,体现了 TRC 面板高强的特点。

表 7.3 试件抗压强度测试值

名称	试件 1	试件 2	试件 3	均值
对照组/MPa	9.7	11.1	9.8	10.2
试验组/MPa	20.0(舍)	30.0	29.5	29.8

注:试验组试件 1 数值超出平均值的 ±10%,予以剔除。

7.6 TRC 面板的导热系数

7.6.1 试验方法

成功研制一种新型自保温三明治墙体结构的标准不仅在于墙体本身要有轻质、薄壁、长寿命等优点，更在于其有良好的保温体系。本节主要测定 TRC 面板的导热系数，这对于研制 TRC 新型自保温三明治墙体结构至关重要。

试验仪器为北京东方奥达仪器设备有限公司研制的单试件防护冷热板 JW-Ⅲ型热流计式导热仪，如图 7.8(a)所示。测量装置基于平壁稳定导热的原理设计，用冷、热板在试件两面产生温差，并用控温设备控制温度的稳定，在试件周边用保护热板来避免热量散失，制造通过试件的单向稳定导热过程。试验时温度为 25℃，设定热板温度为 36℃，冷板温度为 15℃，冷热板梯度为 21K。将试件装入仪器并压紧，如图 7.8(b)所示，然后对设备通电加热，待试件达到热稳定状态后，每隔 30min 测量试件两表面的温度差和热流强度。当连续四次测量结果的偏差在 ±1% 之内，并且为非单向变化时，测量即可结束。由于冷热板的温度会影响材料导热系数的测定，因此必须待冷热板温度恢复至室温后方可进行下一个试件导热系数的测定[4]。

 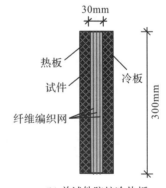

(a) JW-Ⅲ型热流计式导热仪　　　　(b) 单试件防护冷热板

图 7.8 TRC 面板的导热系数测试

试验进行前，将试件在 80℃±3℃ 温度下烘干至恒重，冷却至室温后称取其绝干质量，以保证导热系数测定时各试件的湿度相同。试件数目为三块，尺寸为

300mm×300mm×30mm,标准养护28d后进行导热系数试验。由于稳态法对试件平整度要求较高,若试件不平整将产生接触热阻,造成试验误差。因此,试验前需对试件表面进行打磨,确保试件的平整度,并在冷热板两侧的加热范围内均匀涂抹红油,以减小试件不平整带来的试验误差[5]。

7.6.2　试验结果

被测试样放置在两个相互平行且具有恒定温度的平板中,在稳定状态下,热流计和试样中心测量部分有一维恒定热流。通过测定热流计的热流量和冷热板之间的温差,根据下式计算TRC薄板的导热系数λ和热阻系数R:

$$\lambda = \frac{Q \cdot d}{F(t_1 - t_2)} \quad (7.4)$$

$$R = \frac{F(t_1 - t_2)}{Q} \quad (7.5)$$

式中,λ表示被测材料的导热系数,单位为$W \cdot m^{-1} \cdot K^{-1}$;R表示被测材料的热阻系数,单位为$m^2 \cdot K \cdot W^{-1}$;d表示试件厚度,F表示仪器中计量热板的面积,$t_1$和$t_2$分别表示试件热面和冷面的平均温度,Q表示通过热流计的热流量。各试件的导热系数和热阻系数的计算结果见表7.4,作为对照,表中还给出了普通混凝土的相关数据。

表7.4　TRC薄板的导热系数

试件	实际尺寸/mm	容重/(g·cm⁻³)	导热系数/(W·m⁻¹·K⁻¹)	热阻系数/(m²·K·W⁻¹)
1	300×300×30.1	2.29	0.7138	0.0468
2	300×300×33.8	2.10	0.9955(舍)	0.0339(舍)
3	300×300×33.4	2.14	0.7142	0.0421
混凝土	—	2.45	1.4~1.7	0.0214~0.0176

注:试件2表面不平整,虽进行后期磨平处理,但效果不明显,测得的数值仍存在较大的误差,予以剔除。

由表7.4可知,TRC薄板的导热系数约为$0.714(W \cdot m^{-1} \cdot K^{-1})$,远低于混凝土的导热系数,这说明此类材料适宜作为新型自保温墙体的面板层。

7.7　TRC 面板的弯曲承载力

由第 3 章的研究可知,纤维编织网未浸胶的 TRC 薄板在常温下的极限承载力均值 $P=1277\text{N}$。GB/T 23451—2009《建筑用轻质隔墙条板》[3]中关于抗弯承载力的定义中规定:试验条板的长度尺寸不应小于 2m,且采用的荷载形式为均布荷载。故本节需将 1277N 的集中荷载转化为长 2m 的试验条板在均布荷载作用下的极限承载力。对 TRC 薄板进行内力转化时,需作如下假设:构件变形仍保持平截面;截面在受力发生弯曲后,绕垂直于纵对称面的某一轴旋转,仍垂直于变形后的轴线。弯曲截面上正应力的强度条件可表示为:

$$\sigma_{\max} = \frac{M_{\max}}{W_z} \leqslant [\sigma] \tag{7.6}$$

式中,$\sigma_{\max}$ 表示弯曲截面上的最大正应力;$M_{\max}$ 表示横截面上的最大弯矩;W_z 表示弯曲截面系数;$[\sigma]$ 表示材料的许用弯曲正应力。

第 3 章中 TRC 薄板尺寸为 $500\text{mm} \times 100\text{mm} \times 16\text{mm}$,纤维层数为三层,上下保护层厚度为 5mm,各纤维层间距为 3mm。试件的密度取值为 2285kg/m^3;四点弯曲加载点之间的距离为 100mm,计算跨度为 400mm。可得由自重引起的均布荷载 $q=36\text{N/m}$。TRC 薄板横截面最大弯矩由自重及承受的集中荷载两部分组成:

$$M_{\max} = M_1 + M_2 = \frac{1}{8}ql'^2 + \frac{1}{2}Pd \tag{7.7}$$

式中,忽略了两端悬臂端自重引起的弯曲,d 表示加载点距支座的距离,为 0.15m。代入计算,得 TRC 薄板的最大弯矩值为 96.32N/m^2。假设长 2m 的试验条板所能承受的极限均布荷载为 TRC 薄板自重的 x 倍,此时试验条板的最大弯矩为:

$$M'_{\max} = \frac{1}{8}ql^2x \tag{7.8}$$

式中,$l=2.0\text{m}$,代入可得 $M'_{\max}=18x$。根据式(7.6),试验条板与 TRC 薄板的许用弯曲应力相同:

$$\frac{M'_{\max}}{W_z} = \frac{18x}{W_z} = \frac{M_{\max}}{W_z} = \frac{96.32}{W_z} \tag{7.9}$$

由于两种情况下薄板横截面尺寸相同,可得 $x=5.4$,即当薄板长度增至 2m,并采用均布荷载加载时,试件的极限承载力为其自重的 5.4 倍。

参考规范 GB/T 23451—2009《建筑用轻质隔墙条板》[3]中性能参数的标准要

求,由 7.2～7.7 节的测试内容可以得到 TRC 面板的面密度、软化系数、含水率、抗冻性和导热系数等性能参数的实际值见表 7.5。

表 7.5　TRC 面板的性能参数

性能参数	密度/(kg·m⁻³)	基体收缩值/mm	抗压强度/MPa	基体软化系数	面板含水率
标准要求	90	≤0.6	≥3.5	≥0.8	≤12
测定值	40	0.086	29.8	0.98	1.57

性能参数	燃烧等级	抗弯承载力 (板自重倍数)	导热系数/ (W·m⁻¹·K⁻¹)	抗冻性	
标准要求	A	1.5	—	无可见裂纹,表面无变化	
测定值	A	5.4	0.714	符合	

注:抗弯承载力是根据第 3 章的小板试验结果,由相同许用弯曲应力条件得到的 2.0m 长大板的转化值。

7.8　TRC 自保温三明治墙体结构的热工性能指标

7.8.1　热传递基本原理

建筑物围护结构时刻受到室内外的热作用,不断有热量通过围护结构传递。在冬季,室内温度高于室外温度,热量由室内传向室外;夏季则正好相反,热量主要由室外传向室内。根据传热机理的不同,围护结构的热传递主要包括热传导(导热)、热对流(对流)、热辐射(辐射)[6-7]三种方式。表 7.6 为三种传热方式的基本简介[8]。

表 7.6　三种传热方式基本简介

传热方式	传热机理	热流速率方程	特征参数或数值
热传导	介质内无宏观运动时的传热现象,在固、液、气中均可发生	$q = -\lambda \dfrac{\mathrm{d}\theta}{\mathrm{d}x}$	导热系数 λ
热对流	热量通过流动介质,由空间的一处传播到另一处的现象	$q = h(t_w - t_f)$	对流换热系数 h
热辐射	物体用电磁辐射的形式把热能向外传播的热传方式	$q = \varepsilon\sigma A(T_w{}^4 - T_{sur}{}^4)$	发射率(黑度)

7.8.1.1　热传导及其基本原理

为了简单说明建筑围护结构的传热过程,假定结构单层匀质平整,主要以导热方式传热,且为一维传热。结构内外表面温度分别为 θ_i 和 θ_e,且 $\theta_i > \theta_e$,则热流强度 q 的计算公式为[9]:

$$q = -\lambda \frac{\mathrm{d}\theta}{\mathrm{d}x} \tag{7.10}$$

式中,热流强度 q 的单位为 $\mathrm{W/m^2}$,λ 表示材料的导热系数,单位为 $\mathrm{W/(m \cdot K)}$;x 为结构厚度。其物理意义为:稳定传热状态下,当材料层 1m 的厚度内的温度差为 1K 时,1s 内通过 $1\mathrm{m^2}$ 面积的热量。

7.8.1.2 热对流及其基本原理

对流只发生在流体之间,且必然伴随微观粒子热运动产生的导热。根据引起流体运动的原因,可将对流分为自然对流和受迫对流两种。自然对流是由流体冷热部分的密度不同引起的;受迫对流则是因为流体受外力作用,迫使流体运动而产生[10]。对流换热是指固体壁面和流体之间在对流和导热共同作用下进行的热传递现象,其机理较为复杂,但壁面与环境空气间的对流换热量,可总结为与壁面温度和主流区温度差成正比,其计算公式为:

$$q = h(t_w - t_f) \tag{7.11}$$

式中,q 表示对流换热强度;h 表示对流换热系数,单位为 $\mathrm{W/(m^2 \cdot K)}$;t_w 表示壁面温度;t_f 表示流体主体部分温度。

7.8.1.3 热辐射及其基本原理

建筑热工学中,热辐射主要集中在短波范围内的太阳辐射为短波辐射,能量绝大部分集中在红外线区段的常温物体的热辐射为长波辐射。当物体之间存在温差时,以热辐射的方式进行的能量交换将使高温物体失去热量,低温物体获得热量。辐射换热不同于导热,不需要任何中间介质,也不需要物体的直接接触[10]。

理论上,凡能吸收全部外来辐射热的物体称为黑体,能够反射全部外来辐射热的物体称为白体,能够全部透过外来辐射热的物体称为透明体。建筑工程中,大多数建筑材料都是不透明体,介于黑体和白体之间,称为灰体,对辐射反射越强的材料,其对辐射能的吸收越少[10]。

建筑热工学中,围护结构表面与其他表面如结构表面及室内外空气之间的净辐射换热强度 q 可按下式计算:

$$q = \varepsilon\sigma A(T_w^4 - T_{sur}^4) \tag{7.12}$$

式中,ε 表示实际物体与黑体发射热辐射能力的差别,$0 < \varepsilon < 1$;黑体辐射常数 $\sigma = 5.67 \times 10^{-8}\mathrm{W/(m^2 \cdot K^4)}$;$T_w$ 表示物体表面温度,T_{sur} 表示环境温度。

7.8.2 围护结构传热阻的计算

建筑围护结构的传热主要有内表面换热、结构本身传热和外表面放热三个过程[11]。内表面换热和外表面换热机理相同,既有表面与周围空气之间的对流与导热,又有表面与其他表面之间的辐射传热,且与周围环境关系很大。在结构本身的传热过程中,实体材料层以导热为主,空气层则一般以辐射传热为主。围护结构传热阻为内表面换热阻、围护结构热阻及外表面换热阻之和[10],根据 GB 50176—2016《民用建筑热工设计规范》[12]中的规定进行取值。

7.8.2.1 内表面换热阻 R_i

根据规范规定,内表面换热阻 R_i 的取值条件见表 7.7。

表 7.7 内表面换热系数 $α_i$ 及内表面换热阻 R_i 值

适用季节	表面特征	$α_i/(W·m^{-2}·K^{-1})$	$R_i/(m^2·K·W^{-1})$
冬季和夏季	墙面、地面、表面平整或有肋状突出物的顶棚($h/s≤0.3$)	8.7	0.11
	有肋状突出物的顶棚($h/s>0.3$)	7.6	0.13

注:表中 h 为肋高,s 为肋间净距;内表面换热系数 $α_i$ 和内表面换热阻 R_i 值互为倒数。

7.8.2.2 外表面换热阻 R_e

根据规范规定,外表面换热阻 R_e 的取值条件见表 7.8。

表 7.8 外表面换热系数 $α_e$ 及外表面换热阻 R_e 值

适用季节	表面特征	$α_e/(W·m^{-2}·K^{-1})$	$R_e/(m^2·K·W^{-1})$
冬季	外墙、屋顶与室外空气直接接触的表面	23.0	0.04
	与室外空气相通的不采暖地下室上面的楼板	17.0	0.06
	闷顶、外墙上有窗的不采暖地下室上的楼板	12.0	0.08
	外墙上无窗的不采暖地下室上面的楼板	6.0	0.17
夏季	外墙和屋顶	19.0	0.05

7.8.2.3 围护结构热阻

根据规范规定,围护结构热阻的计算主要分为以下三类。

(1)单一材料层的热阻应按下式计算：

$$R = \frac{\delta}{\lambda}$$ (7.13)

式中,δ 表示材料层厚度,λ 表示材料的导热系数。

(2)多层围护结构的热阻应按下式计算：

$$R = R_1 + R_2 + \cdots + R_n$$ (7.14)

式中,R_i 表示各层材料的热阻。

(3)由两种以上材料组成的、两向非均质围护结构(包括各种形式的空心砌块、填充保温材料的墙体等,但不包括多孔黏土空心砖),其平均热阻应按下式进行计算：

$$\overline{R} = \left[\frac{F_0}{\frac{F_1}{R_{0,1}} + \frac{F_2}{R_{0,2}} + \cdots + \frac{F_n}{R_{0,n}}} - (R_i - R_e) \right] \varphi$$ (7.15)

式中,F_0 表示与热流方向垂直的总传热面积,$F_1,F_2,\cdots,F_n$ 表示按平行于热流方向划分的各个传热面积,如图 7.9 所示;$R_{0,1},R_{0,2},\cdots,R_{0,n}$ 表示按平行于热流方向划分的各个传热阻;内表面换热阻 R_i 取值为 $0.11\mathrm{m^2 \cdot K/W}$;外表面换热阻 R_e 取值为 $0.04\mathrm{m^2 \cdot K/W}$;$\varphi$ 为修正系数,按规范的规定取值[12]。

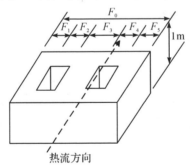

图 7.9　围护结构热阻计算图示

根据规范的相关规定,外墙的总导热系数 K 值按下式计算：

$$K = \frac{1}{R_0} = \frac{1}{R_i + R + R_e}$$ (7.16)

式中,R_0 表示墙体的总热阻。

7.8.3　围护结构热惰性指标的计算

通过围护结构传至室内的热量占建筑能耗很大一部分,研究实际情况下建筑围护结构的传热过程对减少建筑能耗十分重要[13]。实际情况下,建筑围护结构的传热过程是非稳态传热过程,全面评价围护结构的热工性能除了要计算围护结构的总热阻外,还需考虑围护结构的总热惰性指标 D。热惰性指标 D 为表征围护结构反抗温度波动和热流波动能力的无量纲指标,其物理意义为:周期性的热作用下,当表面温度波的振幅为1℃时,通过围护结构表面所能传过的热流波的振幅。根据墙体材料的不同组成,热惰性指标的计算方法亦不相同。

(1)对单一材料围护结构或单一材料层,热惰性指标 D 可按下式计算:

$$D = R \times S \tag{7.17}$$

式中,R 为材料层的热阻,S 为材料的蓄热系数,单位为 $W/(m^2 \cdot K)$,表示某一足够厚的单一材料层一侧受到谐波热作用时,通过表面的热流波幅与表面温度波幅的比值,可表征材料热稳定性的优劣。

(2)多层材料围护结构的热惰性指标计算:

$$D = D_1 + D_2 + \cdots + D_n = R_1 S_1 + R_2 S_2 + \cdots + R_n S_n = R \times S \tag{7.18}$$

式中,R_i 和 S_i 分别表示各层材料的热阻和蓄热系数,空气间层的蓄热系数取 0。

(3)如果某层由两种以上材料组成,则该层的平均蓄热系数为:

$$\overline{S} = \frac{S_1 F_1 + S_2 F_2 + \cdots + S_n F_n}{F_1 + F_2 + \cdots + F_n} \tag{7.19}$$

式中,$S_1,S_2,\cdots,S_n$ 表示各个传热面积上材料的蓄热系数。该层的热惰性指标 D 按式(7.17)进行计算,其中 R 取为材料层的平均热阻,通过式(7.15)求得;S 取为式(7.19)求得的材料层的平均蓄热系数。

7.8.4　TRC自保温三明治墙体结构夹芯层材料的选择

目前,市场上常见夹芯层材料主要有聚苯乙烯泡沫塑料(EPS板和XPS板)、酚醛泡沫塑料、岩棉、玻璃棉、石膏、矿棉、膨胀珍珠岩等,表7.9给出了目前应用较广泛或性能较好的绝热夹芯层材料的性能和特征。由表可知,众多的绝热夹芯层材料均具有各自的优点和缺点,选择一种适宜充当TRC自保温三明治墙体结构的芯材对于研制长寿命轻质薄壁的TRC自保温三明治墙体结构至关重要。

表7.9　绝热夹芯层材料的性能和特征

种类	原料	价格/(元·m^{-3})	特征	密度/(kg·m^{-3})	常温下热导率/(W·m^{-1}·K^{-1})	吸湿率/%	耐热性/℃
玻璃棉板	石英砂、白云石、蜡石等	180	质量轻,保温隔声效果突出	80~100	0.053	≤1	≤300
岩棉保温板	玄武岩、辉绿岩等	170	密度小,导热率低,耐腐蚀,工作温度高	60~130	0.035~0.041	≤1	≤700
纳米二氧化硅气凝胶	纳米多孔硅石(SiO$_2$)	>20000	隔声性能好,导热率极低	体积密度略低于空气密度	≈0.017	存在憎水性纳米气凝胶	1050
膨胀珍珠岩保温板	膨胀珍珠岩、火山爆发产物	430	承压能力强,导热率低	45~250	0.045~0.076	≤1.55	≤650
EPS板	聚苯乙烯树脂、发泡剂	280	质硬,闭孔气泡率较高,吸水吸湿性小,使用方便	16~35	0.034~0.038	1.5~5.6	≤75
XPS板	聚苯乙烯树脂、添加剂	550	热导率小,结构强度大,吸水吸湿性小	24~42	0.026~0.035	0.8~3.8	≤75
酚醛泡沫塑料	酚醛树脂	600~1000	耐热性好,防火性能好、防结露、耐侵蚀	16~50	0.03~0.04	0.5~1.0	≤130

注:表格中的价格均为目前市场上该种材料的概数。

由表 7.9 可知,从经济性角度出发,上述七种材料中岩棉保温板和玻璃棉板价格较低,纳米二氧化硅气凝胶价格最高,为前者的 100 倍以上。从材料热工性能的角度出发,性能最好的是纳米二氧化硅气凝胶,该材料不仅质量极轻,且具有超低的导热系数;导热系数最高的为膨胀珍珠岩保温板,达到 0.045～0.076W/(m·K)。从防火的角度出发,纳米二氧化硅气凝胶耐热性极佳,使用温度高达 1050℃,其次为岩棉板和膨胀珍珠岩保温板;聚苯乙烯塑料板耐热性最差,且该种材料在受热燃烧过程中会分解产生有毒气体,此缺点在很大程度上限制了聚苯乙烯泡沫板在建筑工程领域中的应用。综合上述因素,可选用热工性能较好、性价比较高的岩棉板作为 TRC 自保温三明治墙体结构的备选芯材。

图 7.10 为纳米气凝胶固态以及粉末状态下的外观形态。由于目前纳米气凝胶材料的制备工艺尚不成熟,在生产过程和生产设备上存在着诸多不确定因素,产品质量不能得到很好的保证;此外,该种材料的抗压强度极低,手指轻捏即碎,若采用该种材料作为复合墙板的芯材,可操作性较差[14]。若能在不破坏纳米气凝胶材料微观结构的基础上,将纳米气凝胶固体碾成粉末用于制作自保温复合墙板的外层涂料,既能充分利用其优异的热工性能,又能克服操作性差、强度低等缺点。关于这一设想,第 8 章将做具体试验研究与分析。

(a) 固体   (b) 粉末

图 7.10 纳米气凝胶外观形态

岩棉板在 20 世纪 30 年代就已投入工业化生产,是目前市场上应用最广泛的保温材料之一,具有无毒无害、防火等级高、吸声和耐久性好等特点,在国外建筑系统中已经得到了广泛的应用。美国聚苯板系统的应用仅占 17%,而岩棉、矿渣棉占 70%。英国规定 18m 以上的房屋必须使用不燃材料作为外墙保温材料,德国也规定 20m 以上房屋只能用岩棉作外墙保温。可见岩棉板用作围护结构的保温芯材已十分常见。根据 GB/T 11835—2016《绝热用岩棉、矿渣棉及其制品》[15]中的规定,岩棉及其制品的纤维平均直径、渣球含量等均有相应的指标。本章所用的夹芯层岩棉板的性能参数见表 7.10。

表 7.10 岩棉板性能参数

性能参数	密度/ (kg·m³)	渣球含 量/%	纤维平均 直径/μm	有机物含 量/%	导热系数/ (W·m⁻¹·K⁻¹)	憎水率/ %	热荷重收缩 温度/℃
标准要求	90	≤7	≤6.0	≤4.0	≤0.043	≥98	≥600
测定值	91	6.2	4.8	1.3	0.043	98.8	6600

7.8.5 TRC 自保温三明治墙体结构的热工参数

TRC 自保温三明治墙体结构作为一种复合墙体结构,其保温隔热性能与保温层和面板层的厚度密切相关,显然保温层和面板层越厚,复合墙板的热工性能越好,但过厚的墙板不利于建筑容积率及工程造价,也不利于轻质化目标的实现。因此,需选取一个 TRC 复合墙板厚度的合理值,优化复合墙板的热工性能和经济性能。根据 GB 50176—2016《民用建筑热工设计规范》中对于材料热工参数的相关规定,TRC 面板层和岩棉板保温层材料相应的热工参数见表7.11。

表 7.11 单一材料的热工参数

材料名称	TRC 面板层	岩棉板
导热系数/(W·m⁻¹·K⁻¹)	0.714	0.043
蓄热系数/(W·m⁻²·K⁻¹)	11.37(采用水泥砂浆)	0.75

采用增加保温层和 TRC 面板厚度的方式研究 TRC 三明治墙体的热工性能影响规律,根据前文关于传热阻和热惰性指标的相关计算公式,得到不同面板和夹芯层厚度下复合墙板导热系数和热惰性指标的变化曲线,如图 7.11 所示。从图 7.11(a)可以看出,随着夹芯层厚度的增加,总导热系数 K 变小,热惰性指标变大。夹芯层厚度相同,当 TRC 面板厚度由 16mm 增至 50mm 时,复合墙板的导热系数缓慢减小;面板厚度相同,导热系数随夹芯层厚度减小而明显增大。从图 7.11(b)中可以看出,夹芯层和面板层厚度对热惰性指标的影响均较大,随着厚度增加,热惰性指标 D 基本呈线性增大。

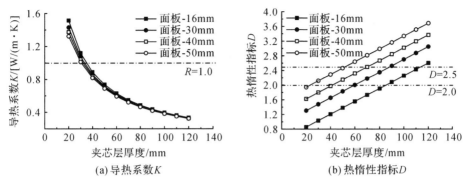

图 7.11　不同面板和夹芯层厚度下 TRC 复合墙板的热工性能

　　为了防止墙板过厚造成的不经济,JGJ 134—2010《夏热冬冷地区居住建筑节能设计标准》[16]对建筑围护结构各部分的导热系数 K 和热惰性指标 D 做出一定的限制:当热惰性指标 $D \leqslant 2.5$ 时,要求外墙导热系数 $K \leqslant 1.0$,如图 7.11(a)所示。此外,当热惰性指标 $D \leqslant 2.0$ 时,应按 GB 50176—2016《民用建筑热工设计规范》中的相关特殊规定来验算屋顶和东西向外墙的隔热设计要求[14]。综合以上因素,选用岩棉板夹芯层厚度为 90mm,TRC 面板厚度为 16mm,TRC 薄壁轻质自保温复合墙板的总厚度约为 122mm。通过图 7.11 可知,TRC 复合墙板的导热系数 $K = 0.437[W/(m \cdot K)]$,相应的传热阻 $R_0 = 2.288m^2 \cdot K/W$,热惰性指标 $D = 2.079$,满足上述规定。

　　根据 GB 50176—2016《民用建筑热工设计规范》的规定,设置集中采暖的建筑物,其围护结构的传热阻应根据技术经济比较确定,且应符合国家有关节能标准的要求,其最小传热阻应按下式进行计算确定:

$$R_{0,\min} = \frac{(t_i - t_e)n}{[\Delta t]}R_i \tag{7.20}$$

式中,t_i 表示冬季室内计算温度,一般居住建筑取 18℃,高级居住建筑、医疗、托幼建筑取 20℃;t_e 表示围护结构冬季室外计算温度;n 表示温差修正系数;R_i 表示围护结构内表面换热阻;$[\Delta t]$ 表示室内空气与围护结构内表面之间的允许温差。

　　浙江省地区的计算参数为 $t_i = 18℃$,$t_e = -5℃$,$n = 1.0$,$R_i = 0.11m^2 \cdot K/W$,按照浙江省地区平均相对湿度 80%,查阅相关规范中的室内空气露点温度表可得杭州地区室内空气露点温度 $t_d = 14.5℃$,因而

$$[\Delta t] = t_i - t_d = 3.5℃ \tag{7.21}$$

代入围护结构的最小传热阻的计算公式(7.20),得

$$R_{0,\min} = \frac{18-(-5)}{3.5} \times 0.11 = 0.723(\mathrm{m^2 \cdot K/W}) \tag{7.22}$$

由上文可知,TRC 自保温三明治墙体的传热阻 $R_0 = 2.288\mathrm{m^2 \cdot K/W}$,远大于最小传热阻 $R_{0,\min} = 0.723\mathrm{m^2 \cdot K/W}$,满足围护结构最小传热阻的要求。

7.9 TRC 自保温三明治墙体结构的设计技术流程

目前,市场上应用最多的墙体材料是加气混凝土砌块,加气混凝土隔墙最小厚度为 200mm,因此,从经济角度出发,采用 TRC 自保温三明治墙体结构能有效提高建筑容积率,具有明显的经济优势;从施工工艺的角度出发,该种三明治墙体结构的制作和组装均能通过预制实现,可提高施工效率,保证施工质量;从技术角度分析,该种复合墙体结构集自保温、长寿命、薄壁轻质于一体,使墙体自重大幅降低至普通实心砖墙(240mm)的 1/6 左右。

大力推广预制装配整体式结构是住宅产业化的必由之路,这种结构具有施工速率快、节省资源、减少浪费、污染少、优化社会资源配置等优势。TRC 自保温三明治墙体结构可实现预制化生产,若能实现广泛应用,将有效推进住宅产业化进程。图 7.12 为该类墙体结构的整体设计技术流程,图中提出 TRC 自保温三明治墙体结构的产业化设计需依次遵守"设计原则标准化""性能指标合格化""经济指标最优化""装配工艺产业化"等四个要点。为真正实现 TRC 自保温三明治墙体结构的工程应用目标,仍需进行大量的试验和分析工作。

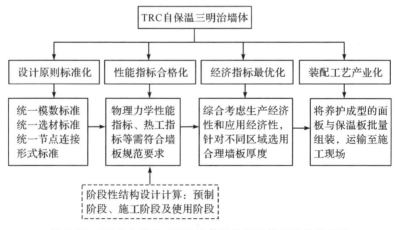

图 7.12 TRC 自保温三明治墙体结构的具体设计技术流程

7.10　本章小结

本章介绍了 TRC 面板以及自保温三明治墙体结构的各项物理性能，通过选择合理的墙体夹芯层保温材料，计算分析了 TRC 自保温三明治墙体结构的热工性能，确定了保温层和面板层的合理厚度，共得到以下几个结论。

（1）精细混凝土的软化系数约为 0.98，远大于 0.85（耐水材料的指标值）。该种配比的精细混凝土适宜制成 TRC 薄壁墙板构件。

（2）试验测得 TRC 薄板试件含水率的均值为 1.57%，远低于 GB/T 23451—2009《建筑用轻质隔墙条板》中规定含水率不大于 12% 的要求。

（3）采用碳-玻混编纤维编织网的 TRC 薄板经过 15 次冻融循环后表面均无裂纹，符合 GB/T 23451—2009《建筑用轻质隔墙条板》的要求。

（4）试验测得 TRC 薄板的抗压强度为 29.8MPa，远高于 GB/T 23451—2009《建筑用轻质隔墙条板》的不小于 3.5MPa 的要求。

（5）通过试验测得 TRC 材料的导热系数约为 0.714W/(m·K)，远低于普通混凝土的导热系数。

（6）通过对不同保温材料的性能指标进行比选，选用热工性能较好和性价比较高的岩棉板作为 TRC 自保温三明治墙体结构的备选芯材。

（7）通过计算 TRC 自保温三明治墙体结构的总传热阻 R_0 和热惰性指标 D，确定了该种复合墙体结构夹芯层和面板厚度的合理值，即采用 90mm 的岩棉板作为夹芯层，16mm 的 TRC 新型材料作为面板层。该种自保温三明治墙体结构可有效提高建筑容积率，具有显著的经济优势。

（8）该类自保温三明治墙体结构的导热系数 K 可控制在 0.437W/(m·K)，热惰性指标 D 为 2.079，具有较好的热工性能。TRC 自保温三明治墙体结构的总传热阻 R_0 为 2.287m^2·K/W，远大于最小传热阻 $R_{0,\min}$ 的 0.723m^2·K/W，满足规范中关于围护结构最小传热阻的要求。

（9）提出了 TRC 自保温三明治墙体结构的设计技术流程。

参考文献

[1] 戴清如.TRC 轻质薄壁外挂墙板的开发研究[D].大连:大连理工大学,2012.

[2] 李赫,徐世烺.纤维编织网增强混凝土(TRC)的基体开发和优化[J].水力发电学报,2006,25(3):72-76.

[3] 中华人民共和国国家质量监督检验检疫总局.GB/T 23451—2009 建筑用轻质隔墙条板[S].北京:中国标准出版社,2009.

[4] 杨鼎宜,郑克仁,刘志勇,等.墙体材料节能性能测试技术的研究[J].建筑技术,2003,34(10):728-730.

[5] 李庆华,高翔,徐世烺,等.纳米改性超高韧性水泥基复合材料保温防渗永久性模板研究[J].土木工程学报,2015,(6):9-16.

[6] 赵镇南.传热学[M].北京:高等教育出版社,2002.

[7] 章熙民.传热学[M].北京:中国建筑工业出版社,2001.

[8] 徐婷婷.墙材含水率对墙体热工性能的影响研究[D].杭州:浙江大学,2010.

[9] 蒋金梁.混凝土夹芯复合墙板热工和力学性能研究[D].杭州:浙江大学,2008.

[10] 陈睿.稻壳砂浆轻质节能复合墙板的研究及应用[D].哈尔滨:哈尔滨工业大学,2010.

[11] 刘念熊,秦佑国.建筑热环境[M].北京:清华大学出版社.2005.

[12] 中华人民共和国住房和城乡建设部.GB 50176—2016 民用建筑热工设计规范[S].北京:中国标准出版社,2016.

[13] 惠荷.热惰性指标对建筑围护结构动态传热的影响[D].西安:长安大学,2012.

[14] 韩露,袁磊,于景坤.SiO_2 纳米隔热材料的研究进展[J].耐火材料,2012,(2):76-82.

[15] 中华人民共和国住房和城乡建设部.GB/T 11835—2016 绝热用岩棉、矿渣棉及其制品[S].北京:中国标准出版社,2016.

[16] 中国建筑科学研究院.JGJ 134—2010 夏热冬冷地区居住建筑节能设计标准[S].北京:中国建筑工业出版社,2010.

第 8 章 足尺 TRC 自保温三明治墙体结构耐火试验

8.1 概 述

第 7 章研究了 TRC 薄板及其自保温三明治墙体结构的物理性能,并通过选择合理的夹芯层材料计算该类墙体结构的热工性能,确定保温层和面板层的合理厚度。TRC 自保温三明治墙体结构作为建筑结构的一部分,一旦发生火灾,结构易遭受破坏甚至倒塌,导致人员伤亡。因此,研究 TRC 自保温三明治墙体结构耐火性能具有重要的意义。

近年来,国内外关于足尺墙板构件耐火性能的研究较多。在国外,Lee 等[1-2]、Kolarkar 等[3]和 Gara 等[4]分别研究了增强混凝土承重墙体、非承重钢筋石膏板复合墙体和三明治复合墙体的耐火性能,但墙体增强材料均为钢筋或钢丝网。国内关于足尺墙体耐火性能的研究相对较少,东南大学叶继红等[5-6]、华南理工大学胡智荣[7]和同济大学李志杰等[8]曾分别开展了 C 形冷弯薄壁型钢承重组合墙体、钢筋混凝土剪力墙和预制混凝土无机保温夹芯外墙体的明火试验,并得到相关结论。对于 TRC 三明治墙体结构,类似的试验研究有待进行。

本章开展了足尺 TRC 自保温三明治墙体结构的明火试验,考察基体混凝土材料、面板厚度、夹芯层厚度,以及防火涂料等因素对该种墙体结构耐火性能的影响,旨在探寻提高其耐火极限的有效方法,以满足我国现行规范的相关防火要求,为该类新型自保温三明治墙体结构的应用和推广奠定基础。

8.2 试件设计

8.2.1 试验材料

本章采用憎水岩棉板作为 TRC 自保温三明治墙体结构的夹芯层材料,其性能参数见表 7.10。分别采用表 2.1 中硅酸盐混凝土 P 和高铝水泥混凝土最佳配比 CA-FS1 作为 TRC 面板的基体配比,研究不同胶凝材料的 TRC 三明治墙体的耐火极限。此外,TRC 自保温三明治墙体结构在浇筑过程中涉及两种防火涂料,分别为四川天府防火涂料[如图 8.1(a),性能参数见表 8.1]和自制的气凝胶防火涂料[如图8.1(b),配比见表 8.2,性能参数见表 8.3]。

(a)四川天府防火涂料   (b)干燥后的自制气凝胶防火涂料

图 8.1 防火涂料原料

表 8.1 四川天府防火涂料性能参数

性能参数	干密度/ $(kg \cdot m^{-3})$	耐湿热性/h	干燥时间（表干）/h	抗压强度/MPa	耐冻融循环性/次	耐火极限/h	黏结强度/MPa
数据	637	720	5	1.56	15	2.0	0.24

注:耐火极限针对涂料的厚度为 8mm。

表 8.2 自制气凝胶防火涂料配比

原材料	硅酸盐水泥/ $(kg \cdot m^{-3})$	粉煤灰/ $(kg \cdot m^{-3})$	细砂/ $(kg \cdot m^{-3})$	减水剂/ $(kg \cdot m^{-3})$	气凝胶体积掺量/%	水/ $(kg \cdot m^{-3})$	PVA 纤维体积掺量/%
数据	312	125	312	5.18	40	703	1.5

表8.3 自制气凝胶防火涂料性能参数

性能参数	抗压强度/MPa	抗折强度/MPa	极限弯曲变形/%	导热系数/(W·m⁻¹·K⁻¹)
数据	14	2.1	0.38	0.2614

注:耐火极限针对涂料的厚度为8mm。

8.2.2 试件设计

墙体结构采用三明治形式进行拼装组合,上下面板采用 TRC 薄板,夹芯层采用憎水岩棉板。为研究夹芯层厚度、TRC 面板厚度、面板胶凝材料、外掺短切纤维和外涂防火涂料对 TRC 自保温三明治墙体结构的影响,本章共设计 12 个 TRC 自保温三明治墙体试件进行单面受火试验。试件参数详见表8.4。

表8.4 试件参数

试件编号	面板厚度/mm	夹芯层厚度/mm	复合墙板厚度/mm	聚丙烯纤维含量/(kg·m⁻³)	主要胶凝材料	防火涂料
OPC	17.9	—	17.9	—	硅酸盐水泥	
OPC-A	18.1	90	136.7	—	硅酸盐水泥	
STEEL-A	19.8	90	138.8	—	硅酸盐水泥	
CAC	16.9	—	16.9	—	高铝水泥	
CAC-A	17.6	90	130.1	—	高铝水泥	
PP-A	17.2	90	135.1	0.9	硅酸盐水泥	
PP-B	16.1	60	95.1	0.9	硅酸盐水泥	
OPC-B	17.2	60	90.7	—	硅酸盐水泥	
OPC-B(T)	27.2	60	113.8	—	硅酸盐水泥	
PP-B(T)	27.3	60	114.0	0.9	硅酸盐水泥	
S-OPC-B	18.0	60	99.9	—	硅酸盐水泥	四川天府防火涂料
Q-OPC-B	18.0	60	105.5	—	硅酸盐水泥	气凝胶防火涂料

注:试件编号中的 A 和 B 分别表示夹芯层厚度不同的试件,T 表示面板厚度较厚的试件,S 和 Q 分别表示外涂四川天府防火涂料和气凝胶防火涂料的试件,STEEL 表示面板层中布设两层钢丝网代替三层的纤维编织网。

所有试件的平面尺寸均为 1800mm×1500mm。试件的基本构造如图 8.2(a)所示,图中 d_p 和 d_l 分别代表面板和夹芯层的实际厚度。TRC 面板内部均匀布设三层网,上下面板之间通过连接件连接,连接件的布置和尺寸见图 8.2(b)和图 8.3(c),各连接件埋入混凝土的长度为 10mm。

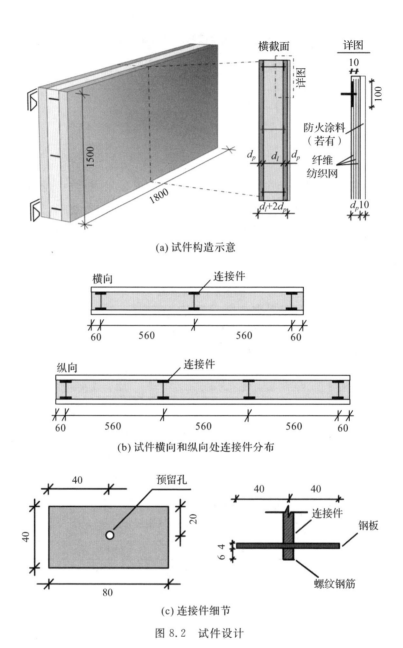

(a) 试件构造示意

(b) 试件横向和纵向处连接件分布

(c) 连接件细节

图 8.2　试件设计

8.2.3　试件制备

TRC 面板的制备流程为:首先,将纤维编织网(或钢丝网)依据试验设计要求布设在相应的木模中,如图 8.3(a)所示;然后,根据基体配比浇筑精细混凝土,在浇筑过程中,为了让精细混凝土更好地渗入纤维束,允许轻微振捣。浇筑时将连接件预埋在面板中。待浇筑完成的面板养护至龄期后,进行复合墙板的拼装。若需进行防火涂料的浇筑,则应将防火涂料按照配比配料后倒入混凝土搅拌机搅拌均匀,先浇筑5mm厚的防火涂料,待3d表干后,再按照相同方法浇筑5mm厚涂料,如图8.3(b)所示,如此浇筑的目的是使防火涂料与面板之间界面黏结紧密,从而达到较好的防火效果。

(a) 布设钢丝网的模板   (b) 防火涂料浇筑过程

图 8.3 试件制备

8.3 试验方案

试验在华南理工大学亚热带建筑科学国家重点实验室中进行。试验装置为水平构件耐火实验炉,炉膛尺寸为 $4.0\text{m}\times3.0\text{m}\times1.5\text{m}$,炉膛两侧共设12支火枪,如图8.4所示。利用炉膛内的火枪进行复合墙体的单面明火试验,安装完成的试件如图8.5(a)所示。墙板下部用木楔顶紧,然后将上部和下部用石棉塞紧封堵,模拟墙体约束,试件两侧仅用石棉塞紧封堵。为防止试件向外倾斜,用木块挡住试件的四角。试验设备可通过调整炉温、炉压、受火时间等提供符合 ISO 国际标准升温曲线的火灾试验环境。试验正式开始前,首先开启助燃气和排烟气开关,待炉膛内部压力稳定在10Pa左右开始试验。为监测试件平面外的位移,在试件背火面的上部、中部、下部共布置9个位移计,如图8.5(b)所示。

(a) 正面

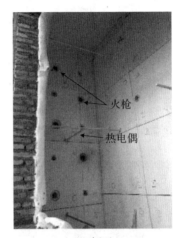
(b) 侧面

图 8.4　炉膛内部细节

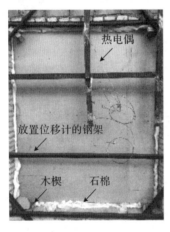
(a) 安装完成的试件

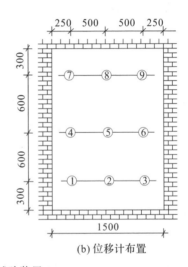
(b) 位移计布置

图 8.5　试验装置

根据 GB/T 9978.1—2008《建筑构件耐火试验方法标准》[9]，热电偶的布置位置应距连接紧固件小于 50mm。共布设三层热电偶，分别位于受火面与夹芯层之间、夹芯层和背火面之间以及背火面处，共使用 18 个 K 形热电偶监测试验过程中试件温度变化，具体布置如图 8.6 所示。为了得到良好的热接触，背火面热电偶内部布设圆形铜片，每个热电偶覆盖石棉隔热垫[图 8.7(a)]，隔热垫周围与试件表面用耐高温胶水完全黏结[图 8.7(b)]，但铜片与热电偶或石棉隔热垫之间未涂抹任何胶水。在试验期间，使用移动热电偶[图 8.7(c)]测量可疑高温点，并进行记录，

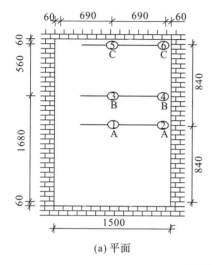

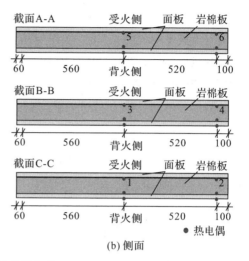

(a) 平面   (b) 侧面

图 8.6 热电偶分布

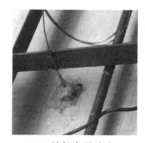

(a) 内部铜片及隔热垫   (b) 外部高温胶水   (c) 外部高温胶水

图 8.7 背火面的热电偶

用作判定试件耐火极限的依据。

根据 GB/T 9978.1—2008《建筑构件耐火试验方法标准》[9]，试件的耐火性能从隔热性和耐火性两方面进行判定，发生任一情况均认为试件达到耐火极限。

(1)完整性：背火面的棉垫被点燃，缝隙探棒可以穿过，背火面出现火焰并持续超过 10s。

(2)隔热性：平均温度温升超过初始平均温度 140℃，任一点位置的温度(包括移动热电偶测点)超过初始温度 180℃(初始温度应是试验开始时背火面的初始平均温度)。

根据 GB 50016—2014《建筑设计防火规范》(2018 年版)[10]和 ISO834 标准升温曲线对实际火灾下室内空气升温过程的模拟，房间隔墙耐火等级为一级和二级时对应的耐火极限分别为 0.75h 和 0.5h;非承重隔墙耐火等级为一级和二级时对应的耐火极限则均为 1.0h。从建筑结构防火安全的角度出发,耐火极限为 1.0h 时,观察试件的破坏形态具有较为重要的现实意义。故本章主要设计了 OPC-A、OPC-B(T)、CAC-A、Q-OPC-B、S-OPC-B 五个试件用于测定试件的耐火极限;其余试件的火灾时间设定为 1.0h,用于观测受火 1.0h 后试件的破坏形态。

8.4 试验结果

8.4.1 试件破坏的共同特征

TRC 自保温三明治墙体试件冷却后的破坏形态存在以下共同特征。

(1)受火面的纤维编织网。如图 8.8 所示,多数试件[除试件 CAC、PP-B(T)、Q-OPC-B、S-OPC-B 外]中的碳纤维束外露;玻璃纤维丧失承载力,且在宏观裂纹处呈熔融状态,受火面面板大多出现纵向裂纹。

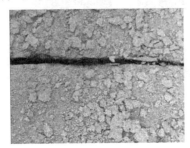 

(a) 暴露在外的碳纤维束   (b) 熔融的玻璃纤维束

图 8.8 宏观裂纹处的纤维束形态

(2)受火面的基体混凝土。图 8.9 和图 8.10 分别为以硅酸盐水泥和高铝水泥为主要胶凝材料的受火面面板冷却后的形态。以硅酸盐水泥为主要胶凝材料的试件表皮大部分疏松易剥落,颜色呈灰白色,有些试件中的混凝土发生剥落,直接导致内部纤维编织网(或钢丝网)过早暴露于高温下,大幅降低了结构的耐火极限。在明火试验中,高铝水泥基混凝土试件受火面的颜色由常温下的棕色转变为乳白色,冷却后仍能保持一定的强度,敲击时声音清脆;板件四周的混凝土表面布满龟裂纹,板件中心处的混凝土表皮隆起,但未发生整体剥落。

(a) 混凝土表皮疏松

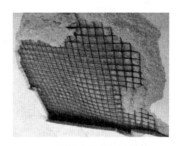
(b) 混凝土保护层剥落

图 8.9　冷却后硅酸盐水泥混凝土 TRC 薄板的表面形态

(a) 侧面基体表面裂纹

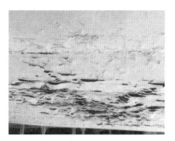
(b) 试件中心表皮隆起

图 8.10　冷却后高铝水泥混凝土的形态

（3）岩棉板。如图 8.11，试件冷却后岩棉板的颜色沿板件厚度方向变化，逐渐由淡黄色转变为棕黄色。岩棉板受火面四周呈淡黄色，中心呈黑褐色，连接件处，岩棉板颜色呈三角形分布。岩棉板从棕黄色、淡黄色到黑褐色的变化，表示其热损伤程度逐渐加重。

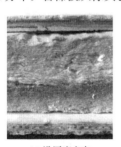
(a) 沿厚度方向

(b) 受火面平面

(c) 连接件处

图 8.11　冷却后夹芯层岩棉板的形态

8.4.2　各试件破坏特征

各试件的耐火极限、破坏准则，以及冷却后试件的破坏特征见表 8.5。其中，试件 PP-A、OPC-B、PP-B 只进行了 60min 的耐火试验，主要目的是观察受火时间为 1.0h 时,即达到 GB 50016—2014《建筑设计防火规范》(2018 年版)[10]中建筑隔墙及非承重墙体耐火等级 A 级的要求时,试件冷却后的破坏形态,看 TRC 三明治墙体在明火试验中受火面板是否会发生倒塌。

表 8.5 试件破坏现象

试件	耐火极限/min	破坏准则	破坏现象	相应照片
OPC	17	隔热性	17min 后闻到刺鼻性气味,试验结束后板件明显内凹,背火面宏观裂缝明显,宽度达 2～3mm,受火面上部混凝土呈灰白色,疏松,有剥落趋势	
OPC-A	203	隔热性	69min 时炉膛内发出声响,闻到刺鼻性气味,试验结束后受火面面板基本燃烧殆尽,只在四周留有部分残余面板,推测在高温过程中内板混凝土发生剥落	
STEEL-A	49	隔热性	42min 时背火面微裂缝处开始泌水,试验结束后受火面部分剥落,混凝土保护层与钢丝网剥离现象明显,混凝土呈灰白色,表皮混凝土疏松剥落	
CAC	19	隔热性	试验结束后,试件完整性保持较好,受火面混凝土颜色泛白,表面出现龟裂纹,部分表皮出现隆起等现象	
CAC-A	57	隔热性	30min 时背火面最高温度达到 119.1℃,随后板件四周开始冒白汽,伴随轻微振动,试验结束后完整性保持较好,受火面混凝土呈乳白色,强度较高,裂纹形式主要为纵向贯穿裂纹	

续表

编号	耐火极限/min	破坏准则	破坏现象	相应照片
PP-A	>60	隔热性	37min 时背火面出现多个黑点，黑点四周颜色较浅；试验结束后背火面面板出现多处裂纹，中间部分在拆卸外板过程中塌落，内板在试验过程中未发生塌落，但在冷却后丧失承载力	
PP-B	>60	隔热性	30min 时闻到刺鼻性气味，试验结束后背火面面板保持一定的整体性，但宏观裂纹较多，主裂纹为纵向贯穿裂纹；外掺聚丙烯纤维对试件冷却后的形态影响不大	
OPC-B	>60	—	21min 时闻到刺鼻性气味，试验结束后受火面面板出现三条纵向主裂纹，但仍立于炉膛内，未倒塌	
PP-B(T)	>60	—	试验结束后除受火面混凝土保护层剥落约10%外，试件完整性保持良好；混凝土呈白色，大部分表皮出现脱落现象	
OPC-B(T)	140	隔热性	15min 时闻到刺鼻性气味，试验结束后受火面面板在冷却过程中发生倒塌	

编号	耐火极限/min	破坏准则	破坏现象	相应照片
S-OPC-B	115	隔热性	10min 时闻到刺鼻性气味,四周开始冒白汽;试验结束后受火面完整性良好,去除涂料后发现内板混凝土保护层一起剥落,只出现一条裂纹,敲碎受火面面板后发现内部纤维编织网形态保持较好,详见图 8.12	
Q-OPC-B	95	隔热性	5min 时闻到刺鼻性气味,10min 左右四周开始冒白汽;试验结束后试件完整性良好,板件表面出现微裂纹,去除涂料后,涂料表面残留部分基体混凝土,两者黏结性能较好,内板出现一条裂纹,详见图 8.13	

注:假定初始温度为 30℃。

(a) 去除涂料后的受火面面板

(b) 受火面面板内部的纤维编织网

图 8.12 冷却后试件 S-OPC-B 的破坏形态

(a) 去除涂料后的受火面面板

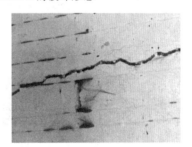
(b) 受火面保护层随涂料剥落

图 8.13 冷却后试件 Q-OPC-B 的破坏形态

8.4.3 实测温度与受火时间的关系

8.4.3.1 炉内实测升温曲线与 ISO 国际标准升温曲线对比

炉内升温曲线由炉膛内设置的热电偶测得。图 8.14 为试验过程中各试件的炉内实测升温曲线与 ISO 国际标准升温曲线对比,图中可看出,两者吻合较好,说明试验具有代表性。

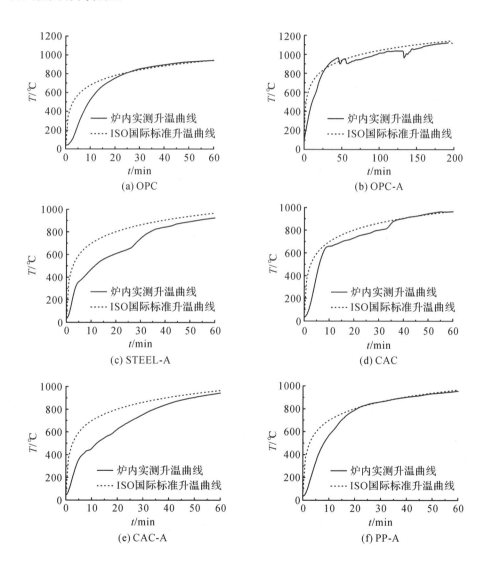

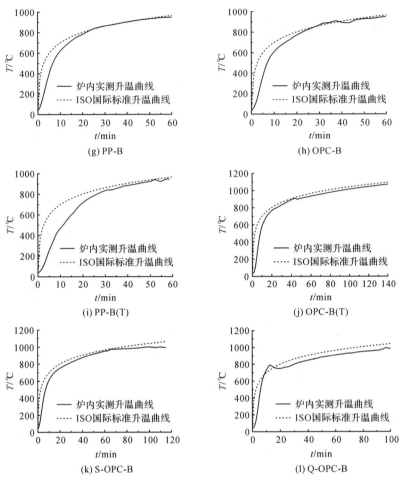

图 8.14　炉内实测升温曲线与 ISO 国际标准升温曲线的对比

8.4.3.2　受火面外侧实测温度—受火时间关系

图 8.15 为复合墙板受火面外侧实测温度与受火时间的关系曲线,试件 OPC、OPC-A、CAC、CAC-A、PP-A、OPC-B 和 OPC-B(T)的实测温度—受火时间曲线大致可分为三阶段,即受火初期的"预热"阶段,受火中期的"发展"阶段,以及受火后期的"平缓"阶段。值得注意的是,与其余试件相比,试件 CAC 和 CAC-A[图 8.15(e)和图 8.15(f)]第二阶段与第三阶段的分界点较不明显。对于试件 PP-B(T)[图 8.23(h)],曲线存在明显的"预热"和"发展"阶段,但无明显的受火后期"平缓"阶段。而对于试件 STEEL-A[图 8.15(d)],升温速率基本为定值,不存在明显的速率变化。

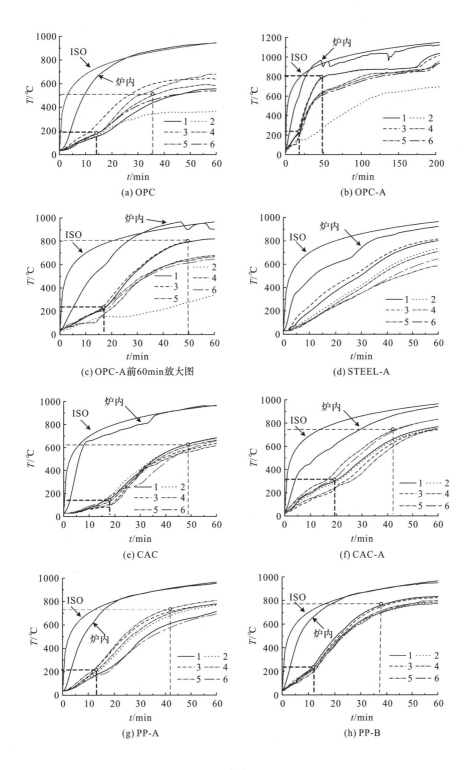

(a) OPC

(b) OPC-A

(c) OPC-A前60min放大图

(d) STEEL-A

(e) CAC

(f) CAC-A

(g) PP-A

(h) PP-B

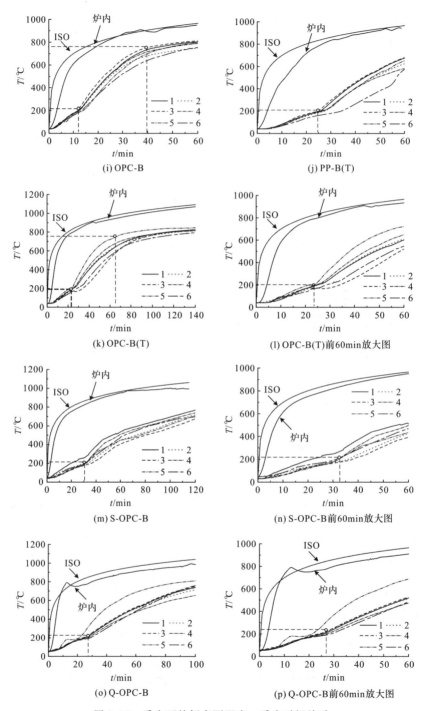

图 8.15　受火面外侧实测温度—受火时间关系

由图 8.15(m)～(p)可知,外涂防火涂料的试件 S-OPC-B、Q-OPC-B 受火面外侧实测温度—受火时间关系曲线只存在两个明显阶段,即受火初期的"预热"阶段和受火中期的"发展"阶段。与其余试件相比,外涂防火涂料的试件预热阶段持续时间较久,外侧的防火涂料层具有延长传热途径、降低传热速率等效果。在"发展"阶段,试件受火面外侧温度随受火时间以较恒定的速率逐步上升。

8.4.3.3　背火面内侧实测温度—受火时间关系

图 8.16 为复合墙板背火面内侧实测温度与受火时间的关系曲线。试验开始后,试件 OPC-A、CAC-A、PP-A、PP-B、OPC-B、PP-B(T) 和 OPC-B(T) 的升温曲线大致可分为初始段、陡升段和缓升段三阶段。初始段对应的最高温度为 30～40℃,该阶段中,背火面混凝土没有明显水分丢失,由于受火面面板及岩棉板的存在使各测点出现温度滞后的现象;陡升段对应的最高温度为 50～100℃,结合试验过程中的现象(外板四周开始冒白汽,同时产生刺鼻性气味),推测背火面外侧温度陡升至 100℃ 左右的原因是防火涂料中的自由水和吸附水开始以水蒸气形式排出;缓升段测点温度随受火时间增长而缓慢升高。外涂防火涂料的试件 S-OPC-B 和 Q-OPC-B 温度在陡升段结束后没有立即进入缓升段,而是出现较明显的平台现象,体现出防火涂料对温度升高的减缓作用。

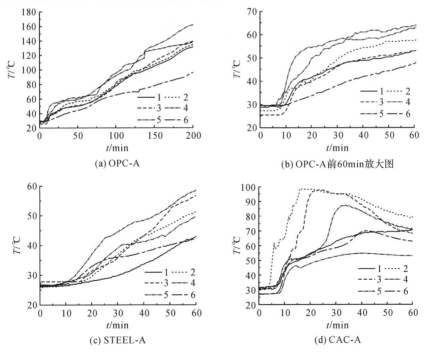

(a) OPC-A

(b) OPC-A前60min放大图

(c) STEEL-A

(d) CAC-A

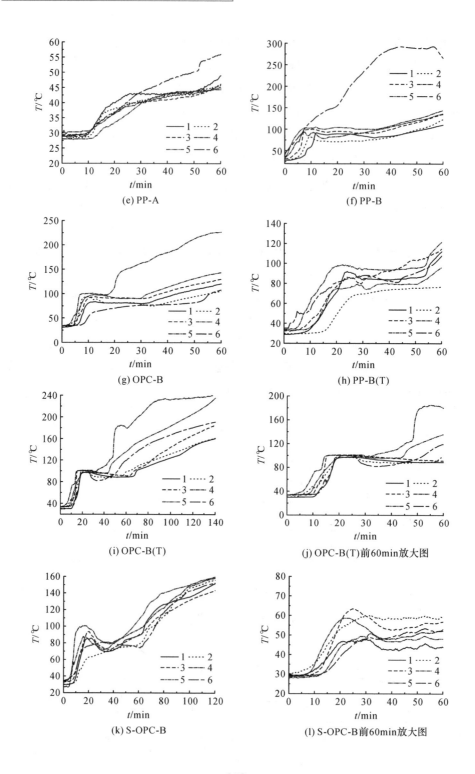

(e) PP-A

(f) PP-B

(g) OPC-B

(h) PP-B(T)

(i) OPC-B(T)

(j) OPC-B(T)前60min放大图

(k) S-OPC-B

(l) S-OPC-B前60min放大图

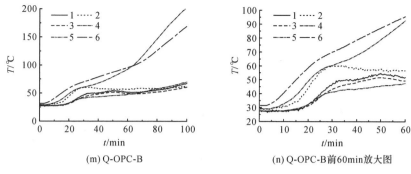

(m) Q-OPC-B   (n) Q-OPC-B前60min放大图

图8.16　背火面内侧实测温度—受火时间关系

8.4.3.4　背火面外侧实测温度—受火时间关系

图8.17为所有试件背火面外侧实测温度与受火时间的关系曲线。试件 OPC-A、CAC-A、PP-A、OPC-B 和 OPC-B(T) 的升温曲线均存在初始预热段。大部分试件最高温度均低于100℃，温升规律与背火面内侧各测点基本一致，如图8.16所示。试件 STEEL-A 中测点4因仪器原因未能测得温度数据。在试验过程中，使用移动热电偶测得背火面温度的读数均高于背火面热电偶测得的温度读数，判断耐火极限时，均以移动热电偶测得的数值为准。

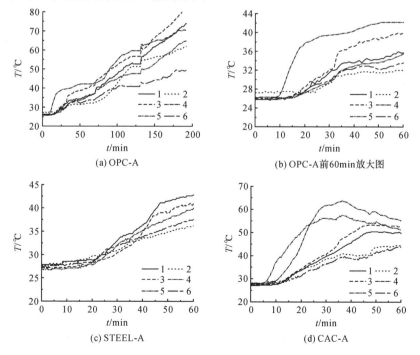

(a) OPC-A   (b) OPC-A前60min放大图

(c) STEEL-A   (d) CAC-A

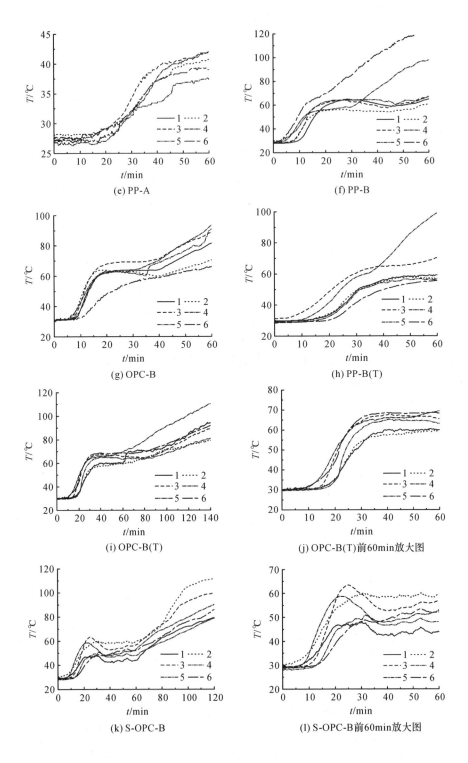

(e) PP-A

(f) PP-B

(g) OPC-B

(h) PP-B(T)

(i) OPC-B(T)

(j) OPC-B(T)前60min放大图

(k) S-OPC-B

(l) S-OPC-B前60min放大图

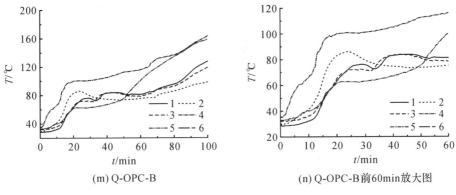

(m) Q-OPC-B   (n) Q-OPC-B前60min放大图

图 8.17 背火面外侧实测温度—受火时间关系

8.4.4 平面外位移与受火时间的关系

试验过程中,随着炉膛内温度的升高,试件均呈现向背火侧逐渐增大的侧向变形,平面外位移—受火时间曲线受炉膛内温度分布不均及炉膛内气压不稳等试验条件因素的影响而呈现一定的波动。图 8.18 给出了试验过程中部分试件的平面外位移(D)与受火时间(t)关系图,图中"上"代表试件上部 1、2、3 位移计测得位移数值的均值;"中"代表试件中部 4、5、6 位移计测得位移数值的均值;"下"代表试件下部 7、8、9 位移计测得位移数值的均值。由图可知,复合墙板平面外位移随着高温时间的增长呈先增长后缓慢下降的趋势,但曲线波动较大,不同试件、不同位置的平面外位移并无明显规律。

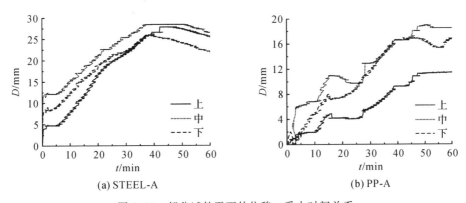

(a) STEEL-A   (b) PP-A

图 8.18 部分试件平面外位移—受火时间关系

8.5　试验结果分析

8.5.1　不同胶凝材料的影响

图 8.19(a)给出了试件 OPC 和 CAC 单板受火面内侧的六个热电偶实测温度与火灾时间的关系。由图可知,随着受火时间变长,试件 CAC 受火面内侧的温度值逐渐超过试件 OPC。比较图 8.19(a)和图 8.19(b)可知,三明治墙体受火面内侧温度明显高于单板受火面内侧的温度,这是由于夹芯层的存在使得复合墙板受火面内侧的热量不易散出,面板内侧温度较高。图 8.19(b)~(d)比较了试件 OPC-A 和 CAC-A 受火面内侧、背火面内侧和背火面外侧的实测温度与试件的

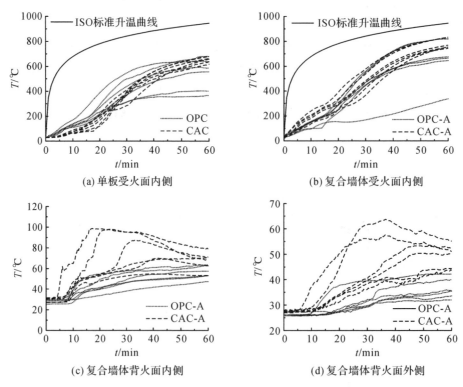

(a) 单板受火面内侧　　　　　　　　(b) 复合墙体受火面内侧

(c) 复合墙体背火面内侧　　　　　　(d) 复合墙体背火面外侧

图 8.19　不同胶凝材料对试件实测温度的影响

关系。与试件 OPC-A 相比,三明治墙板 CAC-A 的热电偶实测温度均较高。表明以高铝水泥为主要胶凝材料的试件高温后的形态保持较好,但其导热系数大于以硅酸盐水泥为主要胶凝材料的试件。

8.5.2 不同增强材料的影响

图 8.20 为试件 OPC-A 和 STEEL-A 实测温度与火灾时间的关系曲线。由图 8.20(a)可知,试件 STEEL-A 在试验前期平均温度上升速率快于试件 OPC-A;当试验时间为 60min 时,两类试件的平均温度差别不大。由图 8.20(b)可知,9cm 岩棉板夹芯层的存在使两者背火面平均温度值均较小,且温差不大。虽然不同增强材料对六只热电偶测得的温度值影响较小,但利用移动热电偶测得的最高温度值差异较大,试件 STEEL-A 的最高温度值明显大于试件 OPC-A,前者耐火极限亦明显小于后者,出现了严重的保护层剥落现象,如图 8.9(b)所示。说明以钢丝网作为面板增强材料对于三明治的耐火性能不利,纤维编织网更适宜作为面板增强材料。

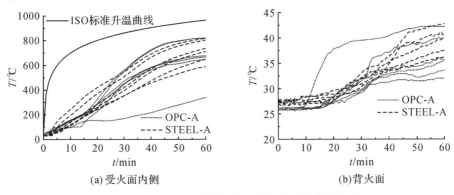

图 8.20 不同面板增强材料对试件实测温度的影响

8.5.3 外掺短切纤维的影响

图 8.21 比较了试件 OPC-A 和外掺短切聚丙烯纤维的试件 PP-A 实测温度与火灾时间的关系曲线。由图 8.21(a)可知,试验前期试件 PP-A 受火面内侧平均温度略高于 OPC-A,两者差距随试验时间逐渐缩小。由图 8.21(b)可知,两类试件背火面平均温度差异较小。可见面板外掺短切纤维对试件平均温度的影响并不显著。

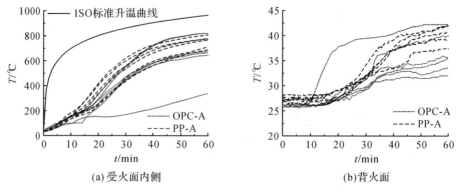

(a) 受火面内侧　　　　　　　　(b)背火面

图 8.21　面板外掺短切纤维对试件实测温度的影响

8.5.4　不同夹芯层厚度的影响

图 8.22 为不同夹芯层厚度的复合墙板实测温度与火灾时间的关系曲线。由图可知,在受火面内侧,岩棉板厚度为 6cm 的试件的温升速率略高于岩棉板厚度为 9cm 的试件,但前者背火面内侧温升明显高于后者,说明增大岩棉板厚度可显著降低背火面的温度,提高构件的耐火极限。

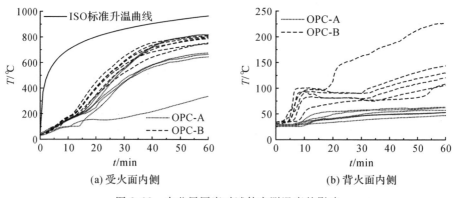

(a) 受火面内侧　　　　　　　　(b) 背火面内侧

图 8.22　夹芯层厚度对试件实测温度的影响

8.5.5　不同面板厚度的影响

图 8.23 为不同面板厚度的各类试件的实测温度与受火时间的关系曲线。由图可知,当面板厚度由 1.6cm 增至 2.6cm 时,试件受火面内侧和背火面温度均呈下降趋势,受火面内侧的温差均大于背火面的温差。增大面板厚度能在一定程度

上提高试件的耐火极限,并改善试件的破坏形态。

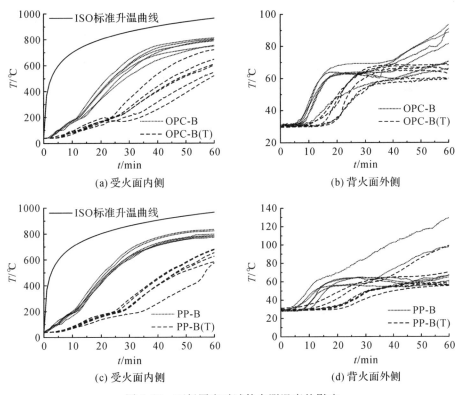

图 8.23 面板厚度对试件实测温度的影响

8.5.6 不同防火涂料的影响

图 8.24 为两类外涂防火涂料的复合墙板试件实测温度与时间的关系曲线。由图可知,与其余试件相比,外涂防火涂料的试件各层温升速率较缓,表明两种防火涂料均能有效阻止热量传递,降低受火面内侧的温度。总体而言,两种防火涂料隔热效果的差异并不明显,试件 S-OPC-B 在试验后期的隔热效果略好。

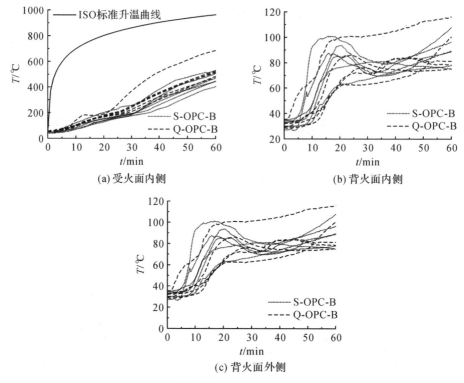

(a) 受火面内侧　　　　　　　　　(b) 背火面内侧

(c) 背火面外侧

图 8.24　不同防火涂料对试件实测温度的影响

8.6　传热过程数值模拟

8.6.1　计算模型及材料参数

发生火灾时,材料的传热过程呈明显的非线性,通过解析方法很难得到精确解答。本节采用有限元软件 ABAQUS 模拟三明治复合墙板在明火试验中的传热过程,旨在通过有限元法精确分析火灾下该种复合装配式墙板的温度场。在计算模型中,各材料均采用实体单元模拟,不考虑纤维编织网的存在,图 8.25 为复合墙板及连接件的计算模型。

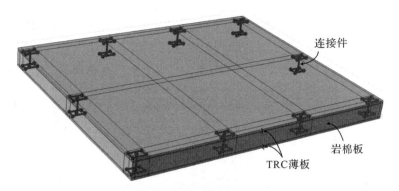

图 8.25 计算模型

传热过程的有限元模拟需设定密度 ρ、导热系数 λ 和比热 c 三个参数,见表 8.6。

表 8.6 设定的参数

材料	$\rho/(\mathrm{kg} \cdot \mathrm{m}^{-3})$	$\lambda/(\mathrm{W} \cdot \mathrm{m}^{-1} \cdot \mathrm{K}^{-1})$	$c/(\mathrm{J} \cdot \mathrm{m}^{-3} \cdot \mathrm{K}^{-1})$
TRC 面板	2344	0.714	1050
钢筋	7850	58.2	480
岩棉板	91	0.043	750

由于四川天府防火涂料和自制气凝胶防火涂料的比热未测定,故这里只针对试件 OPC-A、OPC-B 和 OPC-B(T)进行相应的有限元模拟计算。

在受火面施加第三类边界条件,即给出环境温度(ISO834 标准升温曲线)和空气与混凝土的综合换热系数 h。参考文献[11],火灾下换热系数 h 随温度的变化规律如下式:

$$h = 1 \times 10^{-7}[T(t)]^3 + 2 \times 10^{-5}[T(t)]^2 - 4 \times 10^{-3}T(t) + 13.5 \quad (8.1)$$

式中,h 为对应于 t 时刻的空气与混凝土的综合换热系数,单位为 $\mathrm{W} \cdot \mathrm{m}^{-2} \cdot \mathrm{K}^{-1}$;$T(t)$ 为对应于 t 时刻的室内平均温度;计算起始温度为 30℃。

8.6.2 计算结果

8.6.2.1 试件的温度场分布

由于试件 OPC-A、OPC-B 和 OPC-B(T)温度场分布类似,因此以试件 OPC-A 为例进行分析。图 8.26 为试件 OPC-A 受火面和背火面面板在 $t=60\mathrm{min}$ 时的温度场分布。从图中可明显看出,随着火灾时间的增加,受火面温度最低点和背火面温度最高点均位于连接件处,这与实际情况相符。$t=60\mathrm{min}$ 时,背火面最大温升为

$111℃$,远未达到耐火极限。图 8.27 为板中心区域和连接件位置处沿纵向截面上的温度场分布。图中也可看出,连接件处是热流穿透复合墙板的主要薄弱点。在岩棉板厚度范围内,温度衰减速度较快,复合墙体在火灾下的隔热性能总体较好。

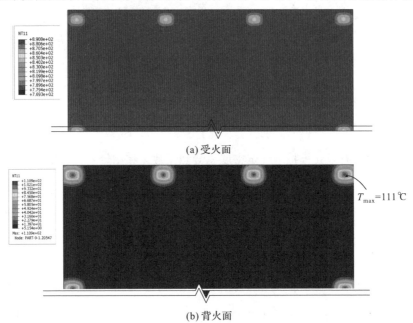

(a) 受火面

(b) 背火面

图 8.26　面板的温度场分布($t=60\mathrm{min}$)

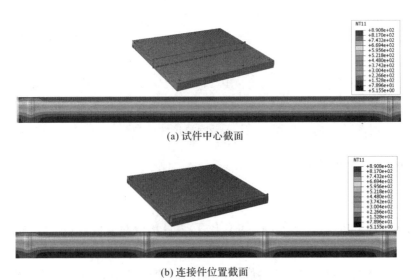

(a) 试件中心截面

(b) 连接件位置截面

图 8.27　试件截面温度场分布

　　试件 OPC-A、OPC-B 和 OPC-B(T) 沿板厚方向的温度变化见图 8.28,图中给出了板中心点和连接件附近温度最高点的结果。由图可知,随着受火面距离的增大,中心点温度和最高点温度之间的温差逐渐增大。试件 OPC-A、OPC-B 和 OPC-B(T) 背火面最高温度与中心点温度最大温差分别为 97.5℃、136.5℃ 和 51℃,说明连接件处的温度传热速度较快,为保温薄弱点,连接件作为热流传递的主要通道,较大程度地降低了复合墙板的耐火极限。中心点处的温度在 TRC 面板层内衰减速度较慢,而在岩棉层内迅速降低,说明复合墙体的隔热作用主要依赖于岩棉层,面板层对隔热性能的贡献较少。但在连接件处,由于几乎贯穿整个墙体的金属连接件导热系数很高,面板层和岩棉层中的温度衰减速度相差不大,温度几乎为线性变化。后期可尝试在复合墙体中采用 FRP 等非金属类材质的连接件,以有效提高此类墙板的耐火极限。

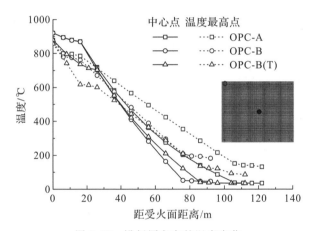

图 8.28　沿板厚方向的温度变化

8.6.2.2　计算结果与实测值对比分析

　　通过实测和数值模拟得到的试件 OPC-A、OPC-B 和 OPC-B(T) 的温度与受火时间关系曲线见图 8.29。由图可知,受火面内侧数值模拟计算结果与试验值吻合情况较好,背火面内侧和背火面计算值和试验值之间存在一定的误差,引起误差的主要原因可能是有限元模拟计算假定复合墙板层与层之间连接紧密,而在实际试验中,面板与夹芯层之间存在一定的空气间隔。另外,岩棉材料的实际导热系数和比热容难以精确测定也是计算结果与试验值略有偏差的原因。

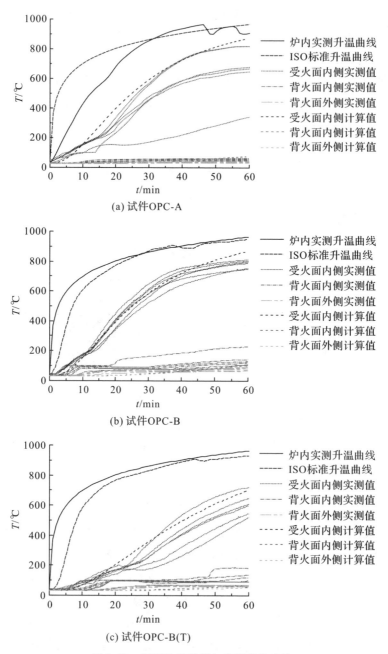

(a) 试件OPC-A

(b) 试件OPC-B

(c) 试件OPC-B(T)

图 8.29　温度计算结果与实测值的比较

8.7 本章小结

本章参照 GB/T 9978.1—2008《建筑构件耐火试验方法标准》,开展了足尺 TRC 复合墙体结构的耐火试验,得到以下结论。

(1)TRC 面板厚度为 16mm、夹芯层厚度为 90mm 的复合墙体试件耐火极限为 203min,远高于规范中建筑隔墙及非承重墙体耐火等级一级的要求。通过观察不同试件冷却后的形态,可确定所研制的复合墙板在耐火等级≤1.0h 时冷却后不会发生面板倒塌等情况。

(2)增大夹芯层厚度可显著降低背火面的温度,提高构件的耐火极限。在满足耐火要求的基础上,为增加建筑使用面积,选择合适的岩棉层厚度十分重要。增加面板的厚度可在一定程度上提高试件的耐火极限,并改善试件的破坏形态。

(3)以高铝水泥为主要胶凝材料的试件耐火极限为 57min,基本满足隔墙及非承重墙体耐火等级一级要求,且高温后的形态保持较好,但隔热效果略逊于以硅酸盐水泥为主要胶凝材料的试件。

(4)TRC 面板中的增强材料以及基体是否外掺短切纤维对背火面平均温度影响不大,但对背火面最高温度值影响较大。

(5)两种防火涂料均能有效阻止热量传递,降低受火面内侧的温度,涂料隔热效果的差异并不明显。

(6)利用 ABAQUS 软件对三明治墙体在火灾下的传热过程进行数值模拟分析,计算结果与试验值吻合较好。连接件处为热流传递的主要通道,较大程度地降低了复合墙板的耐火极限。

参考文献

[1] Lee C, Lee S, Kim H. Experimental observations on rein-forced concrete bearing walls subjected to all-sided fire exposure[J]. Magazine of Concrete Research,2013,65(2):82-92.

[2] Lee C, Lee S. Fire resistance of reinforced concrete bearing walls subjected to all-sided fire exposure[J]. Materials and Structures,2013,46:943-957.

[3] Kolarkar P, Mahendran M. Experimental studies of non-load bearing steel wall systems under fire conditions[J]. Fire Safety Journal,2012,53(10):85-104.

［4］ Gara F，Ragni L，Roia D，et al. Experimental tests and numerical modelling of wall sandwich panels[J]. Engineer Structure,2012,37(4):193-204.

［5］ Chen W，Ye J H，Bai Y，et al. Improved fire resistant performance of load bearing cold-formed steel interior and exterior wall systems[J]. Thin-Walled Structures,2013,73:145-157.

［6］ 叶继红,陈伟,尹亮.C 型冷弯薄壁型钢承重组合墙体足尺耐火试验研究[J].土木工程学报,2013,46(8):1-10.

［7］ 胡智荣.环氧树脂加固钢筋混凝土剪力墙耐火性能研究[D].广州:华南理工大学,2012.

［8］ 李志杰,薛伟辰.预制混凝土无机保温夹芯外墙体抗火性能试验研究[J].建筑结构学报,2015,36(1):59-67.

［9］ 中华人民共和国国家质量监督检验检疫总局.GB/T 9978.1—2008 建筑构件耐火试验方法标准[S].北京:中国标准出版社,2008.

［10］ 中华人民共和国住房和城乡建设部.GB 50016—2014 建筑设计防火规范(2018 年版)[S].北京:中国计划出版社,2018.

［11］ 廖艳芬,漆雅庆,马晓茜.火灾下钢筋混凝土梁非线性有限元分析[J].工业建筑,2011,41(7):31-37.